福島第1原発事故7年

避難指示解除後を生きる

古里なお遠く、心いまだ癒えず

河北新報論説委員
寺島英弥

明石書店

まえがき

2011年3月11日に起きた東日本大震災と、続く東京電力福島第1原発事故から丸7年。福島県浜通りの被災地を歩くほどに深まるのが、「避難指示解除とは何だったのか？」という問いです。政府は原発事故による高い放射線量を理由に、同県飯舘《いいたて》村、浪江《なみえ》町、川俣町山木屋、富岡町の4市町村に出していた全住民の避難指示を17年3月31日（富岡町は翌4月1日）に解除しました。帰還困難区域を除く地域から避難していた計3万2000人の住民が、未曾有の大規模な除染作業が終わった古里に帰還できるようになったのです。しかし、それから1年、実際に帰還している住民は多くの自治体でもおよそ1割前後。なぜなのか、その現実が意味するものは何か、現場の取材で出会った人々と風景が答えを語りました。

6年もの避難生活で被災者が待ち続けた未来の古里には、元に戻ったものがほとんどないように見えます。街や集落では建物が解体されて更地が広がり、長い歴史を分かち合い助け合ってきた隣人も、大小の共同体を培ってきた縁のつながりも。この1年の取材で記録してきただけでも、除染後に荒れ野同然となった農地、いまだ高い放射線を発する居久根《いぐね》（屋敷林）、動物に侵入され荒廃した家々、コメ作りによる被災地の復興を阻む風評、癒えることのない心の傷と人の絆の分断、先の見えない廃炉作業の途上で生じた「汚染水」と漁業者の苦闘、そして、除染されず見放されたような帰還困難区域……。あらためて知るのは、放射能災害の人知を超えた解決の難しさ、被災地を苦しめる歳月のあまりの長さです。

佐野ハツノさん。本書に登場する飯舘村の女性です。仮設住宅で過ごした避難生活の間にがんを発病し、村へ帰還する希望を支えにつらい闘病に耐え、避難指示解除後の古里で亡くなりました。仮設の仲間たちを、自らの疲れもストレスも厭わず「太陽」のような明るさで励まし、大好きな自宅で楽しく生きよう、失われた6年という時間を取り戻そうとする矢先でした。原発事故後を生きる苦痛と強さを取材で見つめてきた人の帰還後の死はあまりに残酷に思え、「避難指示解除とは何だったのか?」との思いを強めさせました。

「復興」という言葉も、避難指示解除後のこの1年で、筆者は被災者の口から聞いたことがありません。現実の厳しさからは、何が復興なのかが誰も分からず、誰も分かち合えない、誰にも見えない言葉だからです。古里に戻った人、新天地を選んだ人、いまだ避難を続ける人。生き直しの決断を迫られたいずれもが葛藤に苦しみ、あるいは隣人なきムラの孤独な開拓者に戻る覚悟を迫られ、苦悩とともに「古里」とは何か?――というもう一つの問いと向き合っています。被災者たちが奪われ、あるいは取り戻そうとしているもの――そこに原発事故の本質も、何が傷つけられたのかも見えてきます。

同じ福島県の相馬市を郷里とする筆者は、11年4月から相馬地方を中心に原発事故被災地の取材を続けてきました。この本は、17年3月31日の避難指示解除後に何が被災地で起きているのか――それは復興ではない――という事実、そして、終わりのない苦難を背負いながら生きる同胞のありのままの言葉と思い、魂と呼ぶべきものを、取材の縁を重ねる人々の歩みを通して描いてみました。共に追体験していただけましたら。本文は、毎月執筆させてもらっている新潮社の情報サイト『Foresight』に16年10月~17年1月まで掲載された記事に加筆しました。

注:原発事故では11市町村の計約8万1000人が避難対象となり、これまでに田村市都路地区東部、川内村東部、楢葉《ならは》町、葛尾《かつらお》村と南相馬市の一部などが解除された。新たな解除地域を加えると面積で67・9%、当初人口との比較で約7割が居住可能とされた。福島第1原発がある双葉、大熊両町と、南相馬、浪江、富岡、飯舘、葛尾の7市町村にまたがる帰還困難区域は避難指示が継続され、約2万4200人の避難生活が続く。

目次

福島第1原発事故7年
避難指示解除後を生きる

バリケードの向こうに取り残される帰還困難区域「長泥地区」

2016年10月　飯館村

東京電力福島第1原発事故のため2011年以来、全住民の避難が続いていた福島県飯舘《いいたて》村。政府が17年3月末に、「除染が完了する」として避難指示を解除する日程を進めていました。それでも残る放射線への不安など難問山積の中、避難先の住民は「帰るか帰らぬか」の選択を迫られました。しかし、村の中でただ1つ「帰還困難区域」とされ、除染の計画もなく取り残される山懐の地域があります。第1原発に近い浪江《なみえ》町と接する長泥《ながどろ》行政区。古里への帰還、復興を約束されぬまま政府から見放され、住民の絆も生き直しの道もばらばらになっていく。16年10月下旬、そんな苦悩を背負う行政区長、鴫原《しぎはら》良友さん（67）に同行し、秋のわびしさ深まる無人の長泥を訪ねました。

バリケードの中の古里

「住民の仲間が集まっての草刈り作業は今年、4回やった。公民館の周りや、お盆前には共同墓地

長泥地区の入り口のバリケードを開ける鴫原さん＝2016年10月26日

でも。『長泥はバリケードに囲まれているのに、帰還できる当てもないのに、なぜやるの？』と他地区の人から言われるが、俺にあるのは先祖や親たち、古里のために一生懸命に働いてきた先人たちへの感謝であり、ただ『ありがとう』の気持ちなんだ」。どこまでも深い山林の紅葉に染まった長泥地区。村の中心部から走ってきた国道３９９号を突然途切れさせるように緑色の大きなバリケードが現れました。一般者の立ち入りを禁じる関門で、自然しかない山懐には異様な光景です。鴫原さんは車を降り、いつものようにオートロックを開けながら語りました。離れてなお思いが募る古里を、無骨で冷たい鉄の柵が隔てています。

長泥地区は、飯舘村にある20行政区の１つ。２０１１年３月、約30キロ東南の福島第１原発事故で起きた原子炉建屋の爆発で、高濃度の放射性物質が北西方向に拡散して雪、みぞれとともに地上に降りました。第１原発のある双葉町、大熊町

長泥の住民が手塩に掛けて育てた桜の並木＝2016年10月26日

や浪江町など7市町村にまたがる地域が翌12年7月、政府から、年間50ミリシーベルトを超える放射線量があるとして帰還困難区域に指定されました。そこに長泥が含まれ、バリケードはその現実の象徴です。自宅に戻る用事のある住民や「ふるさと見守り隊」という自主巡回の車、パトカーのみが通行できます。この日は、「週に1度は戻る」という鴫原さんに同行させてもらいました。

バリケードの内側は太平洋まで見渡せる峠の頂上で、「あぶくまロマンチック街道」という石の標識があり、峠からのつづら折りの道は桜の並木とアジサイで飾られています。飯舘村が旧大舘村、旧飯曽村の合併で発足した1956年、長泥出身の初代村長が各行政区に記念樹の桜の苗木を配り、地元の長泥住民はとりわけ大事に育ててきたといいます。風光明媚な風景を彩る桜並木は村の名所になりましたが、「原発事故で帰還困難区域になった後は、花見に来る人もいない」と鴫原さん。それでも住民たちの共同作業で、桜並木の下はきれいに草刈りされ、約700本のアジサイとともに、いまも季節を忘れず咲き続けています。

「長泥の『いろは坂』」。鴫原さんがこう自慢する絶景の峠は、しかし、原発事故から5年9カ月後の当時も高い放射線量を示しました。「俺の線量計では、道路上（の空間線量）が3マイクロシーベルト毎時くらい、脇の草むらは4〜5、雑木がある斜面は7〜8くらい。山林はもっと高い。除染をしてないいんだから」。帰還困難区域の長泥には、この先の除染計画もありません。住宅、農地の除染作業の工程が進み、政府が17年3月末の避難指示解除のスケジュールを決めた飯舘村の他行政区から取り残されようとしていました。

原発事故で高線量地域に

74戸の長泥行政区は標高450〜670メートルの高冷地で、住民は和牛繁殖を手掛け、稲作、花栽培などを営みました。鴫原さんは、仲間8人で新作物ヤーコン（キク科の食用植物）の生産組合「長泥ヤーコン会」をつくり、ヤーコンの飴や干し芋、焼酎などを村の支援で売り出し、アスパラも栽培。南相馬市鹿島区にある業務用ステンレスの溶接の下請け工場にも30年間勤めていました。原発事故が起きた当時を、17年3月に刊行された住民の聞き書き集『もどれない故郷　ながどろ』（芙蓉書房出版）でこう振り返っています。

「放射能の怖さが分かったのは、（原発事故から）だいぶ後になってからのことでした。本当に腹立たしく思うことは、大熊町や双葉町の人達は、2、3日で避難できたのに、なぜ長泥の住民は避難させてもらえなかったのか、ということです。（福島第1原発から）30キロ以上は関係ないと東電や政府から言われていました。しかし、私たちは4月まで高線量の中で生活をしていたのです。6月ころには、外部被曝だけで国の（年間）基準の累積放射線量20ミリシーベルトを超えていたのです」（カッコ内は筆者の付記）

政府は11年3月の事故直後、福島第1原発から同心円で20キロ圏に避難指示を出し、その後、4月22日からこの圏内を警戒区域としました。圏外の飯舘村は避難指示対象外でしたが、前述のように放射性物質が北西の飯舘村方向に拡散したことが分かり、政府が全住民の「計画的避難」を指示する方針を発表したのが4月11日（他に葛尾《かつらお》村、浪江町、川俣町、南相馬市の一部も）。それまで村には、福島県が委嘱した放射線健康リスク管理アドバイザーの医学者が相次ぎ講演に訪れ、「直ちに健康に影響はない」と繰り返す政府と同様の見解を伝えました。村の広報お知らせ版（3月30日付・インターネット）は「外ではマスクを着用し、外出後は手を洗うなど基本的な事項さえ守れば、医学的に見て村内で生活することに支障がない」との講演内容を記録しています。

実際の放射線量は村中心部で3月15日の時点に毎時44・7マイクロシーベルトを記録しており、住民たちは危機を知らされないまま捨て置かれた状況でした。マスコミが飯舘村の異常な高線量検出を報じるようになって、鴫原さんは3月27日、幼い孫ら家族を行政区の外に自主避難させましたが、自身は6頭の牛の世話を続け、最終的に避難したのは6月23日。身を切る思いで県畜産市場（本宮市）

の競売に出した後でした。以後、村から避難先に割り当てられた福島市の公務員アパートに家族5人で仮住まいしています。

帰還困難区域の風景

家の神棚に掲げられた家族のためのお札＝2016年10月26日

峠道を下った長泥の集落には、人の姿がありませんでした。商店、ガソリンスタンドが集まった長泥十字路という中心部も静まりかえり、住民が手塩に掛けた水田もススキや雑木の原野に戻り、ビニールハウスの残骸が眠っていました。鴫原さんの自宅は、「父親が63年前に分家して建てた」という屋敷林を背負う平屋の農家。敷地やまわりの田畑は雑草もなくきれいに手入れされていますが、母屋に家具類はありません。唯一、神棚がにぎやかに飾られ、「家内安全、身体堅固、交通安全」の大きなお札《ふだ》が、ここに住んでいた家族の数だけ並んでいます。地元の白鳥神社の祭日に毎年、住民が避難先から集まり、出張してくる神主の祈禱を受け、それだけが共同の草刈り以外で変わらない習慣だといいます。

「原発事故から間もない11年5月に、田中俊一さん（前原子力規制委員長、当時は飯舘村の除染アドバイザー）がうちに来て簡易除染をしていった。放射線量を測ったら家のまわりで8（マイクロシーベルト／時）もあり、雨樋の下なんか180くらいだった。いま、家のまわりは（自然減で）3くらい、室内は2まで下がった」。前述の広報お知らせ版は村内各地区の定点の放射線量を継続して載せていますが、取材当時の10月20日現在の長泥での測定値は、鴫原さんの自宅と同様に2・98でした。しかし、原発事故後の放射線量が長泥に次いで高かった隣接の比曽《ひそ》地区では0・61、蕨平《わらびだいら》地区も0・55など、環境省による除染作業が行われた他地区では効果が現れ、数字の上でも長泥は取り残されていました。

政府は、それまで警戒区域、計画的避難区域に分けていた福島県内の原発事故被災地を12年、追加被ばく線量に応じて「帰還困難区域」「居住制限区域」「避難指示解除準備区域」の3つに再編し、除染を経て住民の帰還を進める方針を打ち出しました。長泥地区が帰還困難区域とされたのは同7月17日。当時の様子を河北新報が次のように伝えました。

『福島第1原発事故の避難区域の見直しで、福島県飯舘村が17日、新たな3区域に再編された。放射線量が高い長泥地区は村で唯一、5年以上帰還不能で立ち入りも制限される「帰還困難区域」

に指定された。自由に立ち入りできる最後の日の16日、住民は荷物出しや墓参りで一時帰宅し、自宅に別れを告げた（中略）「追い出されたようなもの。残念というほかない」。区域再編で帰還が遠のく。「もう帰れないかもしれない」。村外に定住する選択肢が現実味を帯びているという。バリケードは長泥地区と外部を結ぶ道路6カ所に設置され、17日午前0時、国の原子力災害現地対策本部職員らの手によって閉鎖された』

鴫原さんが避難中もきれいに除草、清掃してきた長泥の自宅＝2016年10月26日

「国は当初、長泥も他地区と一緒に除染をすると言っていたんだ。住民もそのつもりだった。だが、国の区域見直しの方針に、われわれ長泥の当事者は賛成ではなかったのに、村議会が受け入れを決めて帰還困難区域に入れられた。原発事故から1年4カ月も自由に出入りできた古里に、バリケードを張られたんだ」。そして、「いまは宙ぶら

りんな気持ちだ」

鳴原さんはやりきれぬ心中を語りました。「最初の1～2年は避難先にいても落ち着かず、わが家に来ては落ち着いた。だが、家や田畑の維持管理のほか、これから何をしていけばいいか、目的がなくなってしまった。他の地区には来春、避難指示解除になる村に戻って畜産を再開しようという夢を描く友人もいる。同じ村なのに、こんな格差ができるなんて」

全住民避難を強いられた自治体には東京電力が、失われた農業収入などの賠償や家屋など財物への補償のほか、原発事故への慰謝料として1人当たり毎月10万円を支払ってきました。帰還困難区域では既に同じ趣旨の慰謝料が一括して750万円(75カ月分)支給されたほか、「故郷喪失」の精神的苦痛への賠償として700万円が上乗せされました。しかし、鳴原さんは訴えます。「古里がこのまま荒廃していくのは忍びない。国と東電がそこまで汚したんだ。他地区より遅れても仕方ないが、最後は同じように除染をしてほしい。当然ではないか」

「復興拠点」の対象外に

16年11月6日の午後、福島市飯野町の飯舘村飯野支所(避難中の仮庁舎)に長泥地区の人々が避難先から集まりました。17年3月末の避難指示解除を前に、帰還困難区域の扱いをどうするか、政府が当事者の住民に説明する会合でした。鳴原さんら住民約50人の前に、後藤収・原子力災害現地対策副本部長と経済産業省、環境省、復興庁、内閣府などの担当者が顔をそろえ、飯舘村の菅野典雄村長と正副議長も出席しました。

飯舘村飯野支所で開かれた政府の住民説明会＝2016年11月６日

帰還困難区域は、原発事故被災地7市町村の計337平方キロを占め、避難者は当時約9000世帯、約2万4000人に上りました。それ以外の区域では、飯舘村も含めて17年3月末までに避難指示解除が完了する予定でしたが、政府は帰還困難区域についても特別な救済策を打ち上げました。「2021年度をめどに一部の指定を解除し、居住を可能にする」という方針です。ただ、すべての帰還困難区域ではなく、市町村ごとの実情に応じて一定範囲の「復興拠点」を設け、インフラ整備と除染を一体的に行う、という内容。

そうした報道を知った鴫原さんら長泥住民の関心は「自分たちの古里にどんな救済の可能性があるか」でした。しかし、政府側は冒頭から「復興拠点は、長泥は当てはまるのがなかなか難しい、という意見もある」と微妙な表現で現実の厳しさを伝えました。政府側は「復興拠点」について「（福島県浜通りを貫く）国道6号をはじめ、広域的なネットワークを構成する（常磐道など）主要道路を安心して通行または利用できるよう、除染などを行う」とも説明し、高線量の地域にぽつんと孤立した所でなく、整備後の地域の発展が見込まれる、利便のいい場所であることを条件として示したのです。

阿武隈《あぶくま》山中にある長泥地区は国道6号からも常磐道からも遠くにあります。住民たちの反応を先回りするように、政府側はさらに微妙な言い回しで続けました。「街の中心でない所に帰還困難区域がある時は、古里への帰還を望む住民の心を受け止め、国は柔軟に対応します」「『拠点』にこだわらず、住民の思いを受け止め、支える方針を考えます」

住民を突き放した国

こうした説明を受けて、長泥地区の住民たちから質問の手が挙がりました。「『復興拠点』のことは、村の中心部から離れた長泥は該当しない恐れがある、と村からも聞いていた。それでは、どういう形の支援を考えているのか」「集落のまわりの里山を除染してほしい。原発事故では、住民が望んで避難したわけでない」「長泥を通る国道399号は中通りと浜通りを結んでおり、ここを除染しないと、将来、国も不便になる」「われわれの帰還のメドがまだ立たないのなら、（除染を終え、避難指示解除後は精神的慰謝料などが打ち切られる見込みの）他の区域とは一線を画す、充実した生活支援を続けてほしい」

これに対し後藤副本部長は「里山除染の可能性や、国道399号の広域交流の上での位置づけ、医療費などの無料化の継続、コミュニティー維持への支援メニューなどを検討したい」と語りました。が、前述した原発事故の慰謝料750万円（1人当たり）と、帰還困難区域だけを対象にした「故郷喪失」への賠償としての700万円（同）を、長泥地区の住民に支払ってきたことを「再確認してほしい」と説明し、「国として、これ以上の追加的な補償は考えていない」と打ち切りを明言しました。住民に示されたのは、帰還困難区域での「復興拠点」づくりと集中除染、5年後の住民帰還を可能にする――という政府方針に長泥地区は現時点で該当せず、これ以上の補償も用意していかないという見通しでした。

避難区域の住民へ、農林業の損害賠償は17年以降の3年分まで支給されることが決まっていましたが、会場では「その先はどうすればいい」「除染して長泥を返して」「放射能で汚したのは、そちらではないか」と憤る住民の質問は続きました。これを受けて政府側からは、「避難先での『なりわい』再開などへの生活支援を考える」「住民が地元に戻った時に集まれる『ミニ復興拠点』も柔軟に考えていい」といった回答が繰り返されるばかり。「このまま古里が荒廃していくのを見るのがしのびない」と先の取材で語った鴫原さんは、「将来、住民の高齢化とともに維持管理が難しくなる集落の土地を政府が買い上げてほしい」と訴えました。「先が見えないまま取り残される不安を次代に残さぬ解決策に」という思いだったのでしょう。政府側の回答はやはり「検討する」で終わりました。

行き違いで消えた可能性

「分断／泡と消えた『全域解除』」という見出しの記事が、この説明会に先立つ9月29日の河北新報に載っていました。「東京電力福島第1原発事故による避難指示が長泥地区を除き2017年3月末に解除される福島県飯舘村は、全域で避難指示が解かれる可能性もあった」という次のような内容です。

『村は14年秋、帰還困難区域に指定されていた村南部の長泥地区を居住制限区域に編入することを計画した。

帰還困難区域は年間被ばく線量50ミリシーベルト以上が対象。長泥は当時、毎時4~5マイクロシーベルトに自然減衰し、局所的なホットスポットを除けば、基準を下回っていた。（中略）帰還困難から居住制限への区域見直しで除染に着手し、村内同時期の避難指示解除を目指すことが可能になる。村民間に生じた精神的「分断」も和らげられる――。村は国と協議をしながら再編を模索した。

年末まで2度あった長泥の住民懇談会で反対は大きくなかったが、年明けに一変。「住民に十分な説明がないまま国と調整していた」と不信感が広がり、計画は公表前に撤回された』

この話は実は、11月6日の説明会の席上でも明かされました。発言に立った菅野村長がそれまでの経緯に触れ、「(全村同時期に避難指示を解除できる)区域見直し案は、あの当時、国の了解までもらっていたが、最後の詰めで長泥の住民が(自らの選択で)『帰還困難地域(のまま)でいる』ということになった。かえすがえす、あの時にやれていたら、という思いがある」と述べました。後藤副本部長もその事実を認めながらも、「国もその方向で準備をしていた。もはや再度の区域見直しはなく、避難指示解除の見込みがなければ除染もされない」と突き放すように語るのみでした。

これに対し、会場の住民から「そんな説明は聞いていなかった」「村長から『居住制限区域への見直しを国にお願いすればできる』という程度の話はあったが、（国の除染は当然のことで）地元からお願いする話ではなかった」といった声が挙がりましたが、菅野村長は「かなりの人が村の提案を聞いたはず。しかし、帰還困難区域のままでいい、という話もあった」と反論しました。その当時、住民たちの間に「一番線量が高いのに、区域が見直しになれば補償金が（他地区と同じに）減るのではないか」という不安の声もあったそうですが、真相はいまもはっきりしません。

12月7日、あらためて福島市内の避難先の鴫原さんを訪ねました。この話についてあらためて質問しますと、「村の側は『長泥が選択した結果だ』というが、あくまで内々の話で、住民に選択を求めるような公の説明会が開かれたわけではない。当時はいろんな難しい問題が重なって動いており、住民感情も複雑で、お互いに話が通じる状況ではなかったんだ。われわれは、国に頭を下げて除染をお願いする以前に、原発事故の当初から国が当然、除染してくれると考えていた。どこかで行き違いがあったと思うが、いまはその話を蒸し返しても仕方がない」。

終わらぬ苦悩と希望の模索

長泥地区は、農林水産省が12年2月から飯舘村で行った農地除染対策実証事業の実験地の1つでした。水田と畑計11ヘクタールで表土から深さ5センチまでの土をはぎ取る方法の除染が試され、報告

除染が行われないまま雑草に埋もれた農地＝2016年10月26日

書によれば、土1キロ当たりの濃度約2万ベクレルの放射性セシウムが91％低減し、8・72マイクロシーベルト毎時もあった空間線量も2・20へと74パーセント減りました。実験地には鴫原さんの水田も含まれ、「いま測ると、空間線量は0・6ほど」と、環境省の除染が行われた隣接の地区と変わらぬ数値です。効果は明らかでしたが、同年7月の帰還困難区域指定に続き、12月には時の民主党政権そのものが総選挙で倒れました。東北出身の当時の鹿野道彦農相らは「何年掛かっても復興に取り組む」と積極的でしたが、政権交代で、長泥の除染・復興の可能性を示した貴重なデータも忘れられました。「それを生かすことができたなら」と鴫原さんは残念がります。

「いまは住民の半数の世帯が、福島市などの避難先に家を建てた。7割方は『もう長泥には帰れない』と諦めている。住民の絆をどう保っていけるのだろうか。俺はそのためにも、長泥の除染を国に訴え続けていくしかない」と、行政区長としての引き裂かれるような苦悩を漏らしました。

かなわぬ望郷の思いと、被災地の「復興」を急ぐ政府から切り捨てられようとする現実の間で、鴫原さんの模索は、翌17年3月末の避難指示解除の後も続きました。以下は、同年8月8日の河北新報の記事です。


『東京電力福島第1原発事故に伴う帰還困難区域に指定されている福島県飯舘村長泥地区の行政区は近く、地区内に「ミニ復興拠点」を整備するよう求める要望書を村に提出する。全域の除染は断念した上で、拠点内に地区民が宿泊できる施設や災害公営住宅の建設などを求めることにした。

要望書提出の方針は6日、行政区が地元の集会所で開いた総会で、参加した約50人に説明した。それによると、ミニ拠点は現在の集会所、体育館、グラウンドがある場所に設定。宿泊施設のほか、地区の歴史を伝える資料館の整備を求める。災害公営住宅は帰還希望者に応じた規模を想定。県道沿いの農地に太陽光発電施設も建設し、売電収入を得られるようにしたい考えだ。

総会では「除染範囲は復興拠点から周辺に広がらないのか」「自宅や田んぼを元に戻してほしい」と除染の拡大を望む意見が出た。行政区長の鴫原良友さん（66）は「これまで村や国に何度も（全域の）除染を求めたが駄目だった。誰も納得できないが、妥協しないと前に進めない」と苦渋の表情で理解を求めた』

居久根は証言する
除染はいまだ終わっていない

2017年2月　飯舘村

跳ね上がる線量計の値

2017年3月31日、政府は福島県飯舘村《いいたて》について、東京電力福島第1原発事故後の、「除染作業が完了した」として6年ぶりに避難指示を解除しました（帰還困難区域を除く）。でも、果たして、本当に除染は終わったのでしょうか？　東北の農村には、民家をこんもりと取り巻く「居久根《いぐね》」という屋敷林があります。杉などが代々の住民によって植えられ、育てられ、北西風から家を守る役目だけでなく、家の建て替えなどに生かされた大事な財産です。原発事故では、飯舘村まで拡散した放射性物質が高木の居久根の葉に付着しました。ところが、環境省の除染は、家屋とごく周囲、そして田畑や牧草地などの農地で汚染土のはぎ取り（表土から深さ5センチ）を行いましたが、居久根では林床の落ち葉など堆積物の除去程度で済まされました。原発事故から6年の間に、葉は放射性物質を付け

天明の飢饉の無縁仏を見る啓一さん（後ろが自宅と居久根）＝2017年2月5日、飯舘村比曽

たまま落ちて腐植土となりつつあり、放射線量が高いまま生活圏に放置されました。避難指示は解除されても、住民の帰還が進まぬ理由の一つもその不安にあります。帰還困難区域の長泥《ながどろ》地区に隣接する同村比曽《ひそ》地区は、原発事故当初から線量が高かった区域。そこで独自の居久根除染の実験に取り組んできた菅野啓一さん（62）を訪ねたのは、厳寒が続く17年2月5日でした。

積雪は30センチ、しかし、標高約600メートルで氷点下10度近い比曽の小盆地は、凍り付くような雪景色に眠っていました。原発事故前は広々とした牧草の緑に輝いていたに違いない丘陵の上に、帰還に向けてリフォームを終えた啓一さんの家があります。水田と牧草地を1・3ヘクタールずつ、繁殖牛8頭とハウス10棟の花作りを営んでいた農家です。「これは、ずっと大切にしているものだ」と啓一さんは、雪の上に顔を出した20基ほどの黒い石をなでました。古い文字が刻んであり、天明の飢饉（1780年代）の犠牲者の無縁仏だといいます。比曽は昔、長泥、蕨平《わらびだいら》の両地区と併せて91戸の旧比曽村をなしていましたが、過酷な飢饉の末に生き延びたのが、3戸だったと伝わっています。「荒廃した比曽に入植して、再び開拓の鍬《くわ》を振るった農家の1人がうちの先祖だった」

その手に提げていたのは、高精度の放射線測定器（日立アロカメディカル製）。放射能という未曾有の恐怖と混乱の前に信頼すべき権威も情報も失われた原発事故の体験から、「自ら測り、地域の実態を知ることから始める」という「実証」の生き方を学んだそうです。避難生活中に独学で第3種放射線取扱主任者の国家資格を取り、自宅と周囲の放射線量の変化をチェックし続けてきました。「雪の上は放射線が遮蔽されるが、ここでは空間線量が0・7（マイクロシーベルト毎時）もある。周りの家々の

自宅裏の居久根に入り、放射線量を測る啓一さん＝2017年2月5日、福島県飯舘村比曽

居久根や山林から飛んできている」

啓一さんは、自宅をぐるりと裏手から包み込むように茂る居久根に足を踏み入れました。祖父が植えたという樹齢約100年の大木を筆頭に、高さ約30メートル級の杉がびっしりと奥までそびえています。「このあたりは線量が変わらず高いままだ」と言い、放射線測定器の数値は約1メートルの高さで「2・5」を表示していました。林床の雪のない部分には11年3月の福島第1原発事故の後、6年分も降り積もった枯れ葉が顔を出しています。そこの表土まで測定器を下げると、放射線量は一気に「4・9」まで跳ね上がりました。

行政区長として奔走

村内で地理的に福島第1原発に近かった比曽では、原発事故から間もない11年4月に村の定点測定地点（宅地）で8・45という異常な空間線量を記録し、その後も高い線量レベルで推移しました。啓一さんと出会ったのは、それから丸1年を過ぎた12年4月。原発事故から全住民避難を経て前月まで住民の自治組織、比曽行政区の区長を務め、仲間たちのまとまりに苦心を重ね、それからは古里を襲った放射線災害の克服を模索する日々を重ねてきました。以下は、啓一さんを初めて比曽に訪ねた当時の取材をつづった筆者のブログ『余震の中で新聞を作る71〜除染に挑む・飯舘／その6』（同年4月26日）の一節です。

『集会所の黒板に、チョークで「計画的避難（時期・5月末まで）」と書かれたメモが、1年前のままに残っていました。「一次避難の優先順位」「仮設住宅の建設・入居」「借り上げ住宅・協定書」「東電補償（一時払）」といった項目が、分かりやすく説明されています。

「去年の3月11日の後、比曽では集会所が拠点になった。私はここに詰めながら、役場と行き来する毎日で、受け取った支援物資を住民に配り、分かった情報を黒板に書き出して、来る人にいつでも説明した。当時は村外から入った人の話も錯綜し、われわれ自身が混乱してバラバラにならないよう、情報を共有することが第一だった」と啓一さん。

「比曽ふるさと便り」という地域新聞も壁に張ってありました。「計画的避難が始まってから、手作りしたんだ。今の状況を正確に知ってもらおうと、40部作り、仮設住宅を回って、集まってもらった仲間の住民に手渡した」。昨年6月第1号には、比曽のどこからでも富士山のように見える大石高山の写真と、同月6～15日の地区内の放射線量が載っていました。これは、比曽の「見守り隊」が、巡回先6カ所で継続的に測っている数値です。

データの基になった、見守り隊の記録ノートも拝見しました。【番屋10・18、義平宅前8・12、十文字9・80、国男宅前9・15、馬橋13・45、康裕宅前16・35】。これらの数値は「今、半分近くに減している」と啓一さんは言います。同じノートの4月22日の記録を見ると、確かに、それぞれ順番に【4・66、4・36、4・60、4・87、9・32、11・26】とありました。同10月からは住民から専任者を決め、福島県の補助も得て「コミュニティ新聞」作りを仕事として委託し、放射線量の推移をはじめ、地元の近況を伝えています。

「87世帯の全戸の避難先を調べて住所録を作り、コミュニティ新聞を漏れなく送っている。お年寄たちはもちろん、誰一人も情報過疎にならないよう、絆をつないでいるんだ。早くムラに帰って復興させたいのは当然の思いだが、みんな、避難生活をしているんだから、一生懸命に農業をやってきたんだから、今は体をゆっくり休めて、除染の成果を待つほかない。しかし、仮設住宅6カ所のほか、埼玉や千葉、北海道に暮らす人もいる。それまで、目標を分かち合って、希望をつくりだしていくのが、俺たちの仕事。手塩にかけた、みんなの財産を取り戻したい。そのために、自分たちでできることは、何でもやるんだ』

住民自ら除染を検証

区長を退任後も、啓一さんは行政区が独自に設けた「除染協議会」に名を連ね、国直轄の除染作業が始まる前から、所管する環境省の福島環境再生事務所との話し合いに臨んできました。「比曽は高線量地域。他の線量の低い地区と一律の除染方法では足りない。地元の実情を一番よく知る住民の要望を入れてほしい」というのが地元の一貫した訴えでした。86戸がある比曽の家々で、家屋と周囲の生活環境の除染作業が行われたのは15年（農地の除染は翌16年）。環境省の除染基準である「放射線セシウムの大半が付着した深さ5センチまでの土壌をはぎ取る」という方法です。比曽行政区はその夏、啓一さん、長年の農業、地域づくりの盟友である菅野義人さん（65）＝『あのムラと仲間はどこに　帰還農家が背負う開拓者の苦闘』の章参照＝が中心になり、支援者の放射線専門家、岩瀬広さん（42）＝つくば市の高エネルギー加速器研究機構＝と一緒に独自の全戸検証測定を行いました。

啓一さんは50ccバイクにGPS付きの放射線測定器を積んで、「除染完了」と通知された家々を

居久根の除染実験で、林床の土をはぎ取る啓一さん＝2016年8月7日

回って除染効果をくまなく調査し、データを集めました。岩瀬さんのパソコンに取り込まれた数値は、地図上の多くの家の玄関側で「1」前後に減っていましたが、居久根がある裏手は別世界のように「3～7」もあり、そこから家の中に飛び込んで影響する放射線も無視できないものでした。環境省の除染は、居久根などの山林では「はぎ取りの効果は薄い」との見解で林床の枯れ葉など堆積物を取り除くだけ（奥行き20メートルまで）でした。実際には、原発事故で飯舘村方向へと拡散した放射性物質の付いた11年の杉林の葉や枝が枯れて落ち、林床でも放射線を出し続けます。支援者の1人、溝口勝東京大教授＝土壌物理学＝の調査で「杉の葉に付着した放射性物質の大半が、落葉とともに林床の腐植土に移行している」との事実も分かっていました。その懸念を深める検証結果でした。

啓一さんらはデータを示して、「はぎ取りの除染をきちんとしてほしい」と環境省の現地担当者にあらためて訴えましたが、「『基準にないことは、こちらの作業の対象外』と相手にされなかった」と無念そうでした。「農山村の現場を知らない環境省は、居久根を山林の一部にしか見なかった。だが、居久根は農家の昔からの生活圏であり、そこを除染しなければ安心して帰還できる環境にはならないのに、話を聴こうともしないのが悔しかった」

ところが、環境省は同年秋に「実証事業」という名の除染試験を比曽で内々に行いました。行政区の検証測定の結果、家屋の玄関側と裏手の放射線量がそれぞれ「0・7と3・1」「0・6と4・7」「1・1と7・4」と極端な差がある3戸で、居久根の側の斜面で汚染土をはぎ取ったのです。それまでは、居久根など山林のはぎ取りをしない理由に「地盤を弱め、土砂崩れにつながる」という心配も挙げていました。突然の再除染の実験は、比曽からの訴えによるものでなく、「17年3月末に原発事故被災地の避難指示を解除する」との政府方針が出されたためで、それに従って被災地で「例外的な追加除染」も行うと発表しました。が、「自治体ごとに年1カ所を選んで実施する」という形ばかりの内容で、「全戸を安全に除染し、住民を不安なく帰してほしい」という比曽からの切実な要望とかけ離れたものでした。

「はぎ取り」の正しさ証明

2月5日の雪景色の比曽に戻ります。「国は頼みにならない。避難指示解除とは誰のためなんだ。もう、帰還する者が環境を取り戻すしかない」と、啓一さんは白い息とともに語りました。杉木立を歩いて自宅の真裏に当たる一角で、再び放射線測定器を空中にかざしました。そこでの数値は「0・25」。換算すれば「年間1ミリシーベルト」という平常時の被ばく許容限度に近いものでした。これが、独自に取り組んできた居久根除染の成果です。きっかけは12年。飯舘村民の復興支援をしているNPO法人「ふくしま再生の会」（田尾陽一理事長）のメンバーと自宅の除染実験を初めて行った時の疑問でした。筆者も取材したこの実験では、屋根の汚染を高圧洗浄でいくら洗い流しても2階の部屋の室内線量が減らず、啓一さんらは、すぐ裏に面した杉林からの放射線の影響に目を向けたのです。

居久根からの放射線に最初に着目した啓一さんらの除染実験＝2012年8月26日、飯舘村比曽

『高さ30メートル近い杉の枝々に「福島第1原発事故で飛来した放射性物質が多く付着した」とみて、（啓一さんは）はしごが届く8メートルほどの高さまで枝切り作業を行った。実験範囲は、家の周囲と、境を接する屋敷林の奥

行き約20メートル。林床に積もった落ち葉を除去し、小型ショベルカーを入れ、表土から十数センチの土をはぎ取った。廃土や落ち葉は、深さ約1メートルの粘土層まで穴を掘って埋め、きれいな土で覆った。実験前後の線量の変化を測った結果、家と屋敷林の境の計測地点では、地表面が20・5マイクロシーベルトから1・8マイクロシーベルトに減り、地上1メートルの線量も9マイクロシーベルトから2マイクロシーベルトに減った』（12年9月24日の河北新報より）

16年6月にも、啓一さんは「ふくしま再生の会」の小原壮二さん（67）らの協力で継続的な居久根の除染実験を行いました。対象を居久根の奥へ半径40メートルまで扇状に広げて、自らが重機のアームを伸ばして高さ約20メートルまで枝を切りました。林床のはぎ取り、埋設も同様の方法です。実験後の放射線量の変化は劇的で、最大で3から0・6に減った測定箇所もあります。表面の枯れ葉などを取り除くだけだった環境省の除染方法の不充分さと、当事者の住民自らが模索してきた居久根除染の正しさを確かめました。「いまは家の中の放射線量も0・15ほどで、避難先の福島市のアパートと変わらない。やれば、俺たちの手でもできるんだ」。啓一さんらが6年の苦闘を通して証明した事実は、しかし、政府を動かすことなく、飯舘村はそれから3月31日の避難指示解除を迎えました。

政府目標は「年間1ミリ」

政府が全住民避難を指示した被災地で行っている除染で、年間被ばく量の目標は「1ミリシーベルト」。原子力災害対策本部が15年6月に決定した基本方針「原子力災害からの福島復興の加速に向けて」（改訂版）には以下のように明記してあります。「住民の方々が帰還し、生活する中で、個人が受ける追加被ばく線量を、長期目標として、年間1ミリシーベルト以下になることを引き続き目指していく」。前述のように毎時換算で0・23マイクロシーベルトですが、これまで見た比曽の現状が目標からはるかに遠いことは明白でした。しかし、飯舘村で環境省の除染作業の工程が終わり、避難指示解除が宣言された後、「年間1ミリシーベルト」を目指すための政府の除染継続の議論も、そのための現場検証の動きもありません。「安全な環境なのかどうか、帰還できるのか否かの判断を住民に押し付けての責任放棄だ。国は原発事故を早く終わりにしたいがため、幕引きを急ぐ日程ありきだったのではないか？」という疑問を、啓一さんは憤りとともに語ります。その先にあるのが、安倍晋三首相自身の「アンダーコントロール」発言（福島第1原発の汚染水は『完全に制御されている』と13年の国際オリンピック委員会総会の演説で）が象徴する、「福島、日本の復興」を世界にアピールする20年の東京オリンピックなのではないか、と。

飯舘村の人口約6000人のうち、避難指示解除後の帰還を前提に村の許可を得、自宅で「長期宿泊」をしていた住民は当時170世帯、381人。実際の帰還者の数は増えていくとしても、村の再出発の厳しさを告げる数字でした。3月7日に復興庁が公表した飯舘村の「帰還」意向調査結果でも、住民が帰還を判断する上で必要な情報は「放射線量の低下の目途、除染成果の状況」が44・2％を占めました。啓一さんはこんな決意を語っていました。「放射線への不安が住民の帰還の気持ちを阻んでいるのは確か。にもかかわらず『もう除染は終わった』と国が言うのなら、これまでの実験の成果を生かす居久根除染を、村独自の予算を付けて、仲間の帰村を支援する事業として俺たちにやらせてほしいんだ」

居久根だけが問題なのではありません。「田んぼのコメ作りはもう諦めている。風評で売れないからどうだという前に、これではなあ」。除染作業が始まる前の15年の厳寒の冬のさなか、啓一さんからこんな言葉を聞いていました。篤農家らしく、避難生活の間も「雑草など恥ずかしくて伸ばしておけない」自らの農地の維持管理は怠っていませんでしたが、自宅の周りの水田はでこぼこに掘り返され、くぼみの深さは30センチ以上もありました。イノシシがミミズなどの餌をあさった跡です。飯舘村では住民不在の間に野生動物が増え、既に帰還後の農業再開への深刻な脅威になっていました。イノシシは放射性物質を含んだ土を深くかき混ぜ、「でこぼこを重機でならしても、環境省の深さ5センチのはぎ取り除染では汚染土を取り切れない」という諦めの判断をせざるを得なかったのです。東電による農林業者への原発事故の損害賠償は、避難指示解除後も3年分は一括で支払われることが決まっていましたが、それが最後です。それ以後を農家として生きるために、啓一さんが「現実にできることを始めよう」と希望を託していたのが、トルコキキョウの栽培でした。

残された8万ベクレルの土

阿武隈《あぶくま》山地の飯舘村で最も標高が高い比曽の花作りは、啓一さんらがパイオニアとなって原発事故の10年ほど前から始まり、トルコキキョウやリンドウが高冷地らしい鮮やかな発色で評判を取りました。福島市内の避難先のアパートから妻忠子さん（63）と一緒に自宅に通い、大事に残して手入れをしていたパイプハウス5棟（計10アール）に加え、新たに同じ面積の計4棟を、被災地の農業復興支

土壌分析を基に居久根を再測定する岩瀬さん㊧と啓一さん＝2017年9月6日

援事業を使って建てる計画でした。2月の取材の際、啓一さんはこんな青写真を描いていました。

「ハウスの土はきれいなままだ。古いビニールのシートがどこも破れず、守ってくれた。この冬の間にそれをすべて外して、土を新鮮な空気に触れさせ、生き返らせている。5月からは忙しくなるよ。新しい散水管をハウスに取り付け直し、中には排水路を掘る。牧草の種もハウスにまいて育て、土にすき込む緑肥にする」と、「ハウスにトルコキキョウの種をまくのは来年1月。お盆や秋の彼岸に向けて花を育てる。俺は原発事故前に10年の花づくりの経験があり、そのころから縁のある花卉《かき》業者にまた扱ってもらうことになった。来年は4万本の出荷を目指している」

避難指示解除後も比曽に通う中で、啓一さんの再出発を記録してきました。思い描かれた新しいハウス群が建ち、原発事故前から懇意にする花卉業者と18年からの出荷再開の約束ができ、ハウスの土を肥やす牧草も伸びた9月6日、つくば市から車を飛ばして岩瀬さんが訪ねてきました。それに先立つ7月下旬に啓一さん宅の周りで採取した土壌の詳しい分析結果のデータを携えて。そのうち、花を育てるハウスの2カ所で採取された土は「190」と「184」。原発事故後、稲、野菜などの栽培用の土に関して国が定めた放射性セシウムの暫定許容値の400ベクレル（土1キロ当たり）をも下回りました。ところが……。

翌年の花栽培再開の準備をする啓一さん＝2017年11月4日

「なに、8万ベクレルもあるのかい。原発事故から何も変わっていないじゃないか」と、リフォームされて間もない居間に啓一さんの大きな声が響きました。自宅裏の居久根のうち、除染実験未実施の3カ所の土が含む放射性セシウム濃度が、①「85720」、②

「59986」、③「19354」——という異常に高い数値を示しています。いずれも「8000ベクレル／キロを超える廃棄物については、放射性物質汚染対処特措法に基づき、指定廃棄物として国が処理する」という法的基準をはるかに超え、本来は、はぎ取り方式の除染対象に該当します。①に至っては啓一さんが驚いたように、基準の10倍を超える異常な濃度でした。居久根が発し続ける高い放射線量の原因があらためて裏付けられました。

3月31日の避難指示解除を前に、筆者は飯舘村の菅野典雄村長にインタビューをし、その中で啓一さんらが居久根の除染実験で確立した方法と成果について「住民の不安解消と帰還支援の方策として村独自に事業化すべきだ、自分らが担い手になる、と提案しているが」と、村の対応を質問しました。「取り組みは聞いている。それこそ、村がこれからやれる活動だ」と村長は当時答えましたが、それから半年が経過し、啓一さんは「村からは何の問い合わせもない。やり方も必要な道具も技術も、村の復興のために働きたい意欲もあるのに。国の除染にクレームをつけて蒸し返すことを恐れるのかな」と残念がりました。この取材の時点で、比曽に帰還した住民（予定する世帯も含めて）はわずか4戸でした。

「おかえりなさい」飯舘村の避難指示解除の朝

2017年3月31日　飯舘村

祭りのような「おかえりなさい式典」

給油所と村で1軒だけ開店中のコンビニを除いて、シャッターを閉めたままの商店や事務所が連なる福島県飯舘《いいたて》村草野地区の県道原町川俣線沿い。それまで人の姿がなかった中心部に2017年3月31日朝、車が続々と集まりました。6年前の東京電力福島第1原発事故で、政府から「1年以内の積算被ばく線量が20ミリシーベルトに達する恐れがある」として飯舘村に出された全住民避難（計画的避難）の指示が、この日午前0時で解除となり、記念の行事が新築の村交流センター「ふれ愛館」で開かれたのです。「おかえりなさい式典」。こんな看板が会場に掲げられ、避難指示解除を伝える新聞広告の掲載各紙が配られました。ここに至るまでの沿道にも「避難指示解除です」ののぼりが連なり、放射線量のモニタリングポストも新調されて「お帰りなさい　首を長くして待ってたよ」の文字

避難指示解除を記念し、飯舘村で催された「おかえりなさい式典」＝2017年3月31日

が。

　お祭りのような演出に加え、会場は木材がふんだんに使われて音楽イベントもできるドーム型ホール。新しい飯舘村の門出を内外に印象づけるような式典でした。避難先から訪れた約３００人の村民、内堀雅雄福島県知事、経済産業省の高木陽介副大臣（当時・原子力災害現地対策本部）ら来賓を前に、菅野典雄村長は緊張のあまりか「皆さん、明けまして……ではないですね、おはようございます」と言って爆笑を誘った後、こうあいさつしました。

「これはゴールではなく、あくまでも復興のスタートに立ったということ。ただ、立っただけでとてつもなくうれしく、大勢の人に応援、支援をもらって、協力あって本当のスタートを切ることができたんだなという思いを、飯舘村の表現として『おかえりなさい式典』にした」

「村民には、いくばくかの不安をもって避難

人の姿がない飯舘村草野地区の商店街＝2017年3月31日

をしてもらわねばならないな、ということで（当時）、『2年をもって帰ろう』という（最初の復興計画）『希望プラン』を出させてもらった。結果的に6年にもなって、村民には申し訳ない。しかし、この6年で国の復興への強い思いも分かった。県のありがたい支援もいっぱいあった。全国の方々から数多くの支援や応援をもらった。村議会の理解、村民の頑張りなど、普段では経験できない熱い思いを、私たちは心にしっかりと刻むことができた」

「この式典で、3つの約束をしたい。一つ目は、加害者と被害者の立場を超越して（国と）対等な立場で向き合って、これからも復興を進めていきたい。二つ目として、災害に遭ってしまった以上、愚痴や不満を増殖させていくよりも、ふだんでは到底でき得ないことを一つでも二つでも実現させて、新たな村づくりをしていきたい。三つ目は、なにはともあれ復興の基本は、私たち村民の自主自立の考え方なくしては、なし得ないということ。その方向で努力していくつもりだが、ただ、いかんせん（原発事故による）放射能という自然災害とは全く違う特異な災害であり、私たちの自主自立だけではかなわないことも難しいことも多々ある。よって、これまで以上に飯舘村に対して国、県のご協力をお願いしたい」

来賓の祝辞、村民代表の「いいたて村に『日はまた昇る』宣言」、小学生たちの合唱、歌手さとう宗幸さんのステージ、「ふるさと」合唱（『いつも村を思わん　までいの心めぐりて』と歌詞を作った4番も歌われた）、屋外での記念植樹が行われ、式典は終わりました。参加者たちが帰った後、残ったのは人けない村の寒々とした風景です。同じ日に避難指示解除を迎えた東隣の浪江《なみえ》町は、津波による死者・行方不明者184人の慰霊碑（同町請戸《うけど》浜）の前に夜明け、馬場有町長ら町関係者が整列して避難指示解除を報告、黙禱するという質素なセレモニーを行いました。菅野村長はなぜ、政府の関係者も招いての対照的な祝賀行事を行ったのか。原発事故から6年間ほぼ無人状態で、フレコンバッグ（除染後の汚染土などの袋）が野積みとなり、放射線も処々に残存する厳しい現実をいっときでも離れ、村民と希望を分かち合うことから出発したかったのか？　3月22日、私は村役場で村長のインタビューをし、避難指示解除後の村をどうするのか尋ねました。「あいさつ」も読み解けると思います。

菅野村長が語る「村のこれから」

3月31日の避難指示解除の日、何を語ろうと考えているか？

「多くの人のおかげでここまで来られた。が、ゴールではなくスタートライン。これからが長い道のりだということ。（原発事故について）起きてしまったことを悔いていても仕方がない。そこにとどまっていては前に進めない。自らを主体に自立していかなくては」

これから、まずやるべきことは何か？

「簡単ではないが、村民の生業（なりわい）をつくっていくこと。避難後の分断からコミュニティーを再びどう組み立てていくか。そして学校の再開。子どもたちがどのくらい戻ってくれるか」

村のコミュニティー、地域をどう再生していくのか？

「村民の90％を、村から1時間以内（の福島市や伊達市など）に避難先を確保し、ここまで生活してもらった。それぞれ、出身地区（20の行政区）ごとの集まりも年に5～6回続けてきた。（全国規模で住民が避難した）他の自治体より状況はいいのではないか」

「ただ、村の世帯は避難前の約1700から、約3200に増えた（3、4世代同居が普通だった家族が分かれて避難したため）。各地区は100軒が50軒、20軒になるか、村も人口6000から減って500人から始めるのか。（かつて行政区ごとに自主的な地域づくりの計画を立てさせ、1000万円ずつ自由な予算を配分した）『地区別計画』のような仕掛けにするか、（出身地区に戻る人、村外に離れる人の）同窓会的なあり方の地域づくりに予算をつけるか。帰る人が地域でばらつくのはやむを得ないが、新年度も地区ごとに支援の予算は取っている。いずれにしても、住民個々が『自分ファースト』の生き方をしては事が前に進まない。必要なのは『心のシェア』だ。相手のことを思い、喜び悲しみを分かち合いながらケアする『オムソーリ』（北欧の福祉から広まった考え方）のような」

避難指示解除とともに、政府は自立を迫ってこよう。村は自立していけるのか?

「国とは対等な立場でやってきた。原発事故の加害者、被害者の立場にこだわっている限り、被害者意識にとどまっている限り、前には進めない。賠償は原発事故発生から6年を限度にしようと国には言い、それに代わって、自立のための生活支援の制度を作るように訴えてきた。2017年度に実現したのが『原子力被災12市町村農業者支援事業』や、その商業者版の制度だ。営農再開や規模拡大、新しい作物導入などに、1000万円を上限に(3000万円のケースも)事業費の4分の3を補助する。既に50人が手を挙げた。もう一度農業をやりたくても、自身の高齢化、農地に積まれたフレコンバッグ(除染土の保管袋)

飯舘村役場でインタビューに答えた菅野典雄村長
=2017年3月22日

が壁になることもある。自立できる人がまず始めることで、生業の再生、地域の再生につなげたい」

ただ、帰村する人が一握りでは、地域の暮らしを支えてきた共同作業はできなくなる。

「人手がなくては不可能な作業や行事があり、100軒あった地区が30軒になれば大変になる。村に戻る人に古里を守ってもらわなくてはならず、戻らずに村の外にいる人にも『心のシェア』をして参加してもらえるよう、共通の経費を村が保つようにしたい。20ある行政区の再編は全く考えていない。たとえ何人であっても飯舘は飯舘。まず2、3年はやってみて、それから再編が必要かどうかを考えればいいのではないか」

今年1～2月、仮設住宅など避難先14カ所での自治会懇談会で、村民から出された帰村後の不安の大きなものが、全村避難中に空白となった高齢者他の介護サービスの不在だった（原発事故前に村で介護サービスを担った地元の『いいたて福祉会』は、全村避難中も運営を続けた特別養護老人ホーム以外のデイサービス、訪問介護などを休止中）。

「募集しても、村内での介護サービスの人出が集まらない（月2回の『広報いいたてお知らせ版』などで『いいたて福祉会』の介護職員を募集するが、応募なし。特別養護老人ホームの入所者も原発事故前の100人から35人に減り、受け入れができない状況）。これは深刻だ。これも放射能災害の特異性だと思う。帰還する村民のために在宅の介護サービスの出張を、福島市や川俣町など村外の業者に交渉しているところだ。飯舘まで行ってもいいという業者には、1回の出張に2000円の手当てを出すことにしている。幸い、『避難先で介護サービスを行ってきた人については継続してもいい』という業者もいる」（飯舘村の場合、介護保険料は8003円で全国2番目の高額。避難中の要介護者増などがあり、一昨年の国の改定で2300円上がった。ただし30年2月まで減免措置が続く）

飯舘村は来年4月、これまであった小学校3校と中学校、保育園、幼稚園の3園を飯舘中の敷地に集約した一貫教育の施設を開校させる。総事業費は57億円と原発事故前の村の年間予算に匹敵する規模だ。だが、避難先の仮校舎（福島市と川俣町）に通う子どもの数が年々減り、保護者たちが除染の不足を懸念して開校延期を運動し、1年先延ばしになった。「学校再開を急ぐ村が、不安がる村民を分断させたのではという批判もあるが？

「学校再開を遅らせれば、分断はなくなるのだろうか。それは全く逆だ。分断という言葉には一理あるかもしれないが、遅らせれば遅らせるほど、子どもたちは転校していき、親たちもみんなばらばらになっていくだけ。いま（16年度）村の保育園や学校に通う子どもは234人。本来、通うことになっていた人数の36%だ。その割合の11年度からの推移は、70%、61%、57%、52%、47%、そして36%。来年度（17年度）にはさらに、21%に減る。それが実情だ。やはり避難指示解除になる浪江町などは2～6%と聞いており、それよりはいいかもしれないが。『フレコンバッグがある所に、こんなに早く帰せるのか？』と言われるが、学校のない村に未来はない、と私は考える」

東電による被災地住民への精神的賠償は18年3月までと国の原子力損害賠償審査会が打ち出し、農林業

への賠償も今年から3年分一括支払いで打ち切り、避難指示解除で税や医療費、介護保険料の減免も順次終了になる見込みがある。村民の生業再建が伴わないと収入は先細りになり、また減免終了を機に住民票を他自治体に移す人も増えると村の税収は激減し、将来の存続も危ぶまれる。どうやって自立していくのか？（村の17年度一般会計予算は212億3500万円で、国の復興予算により原発事故前の5倍以上の規模）

「三宅島（三宅村）の例がある（大噴火による避難で、国勢調査のあった2000年の村居住人口はゼロになったが、国は特例を用い、人口減でも交付税をほとんど維持した）。三宅村の以後5年間の交付税は人口減を反映されず、数％減で済んだ（2005年2月、噴火から4年半ぶりに避難指示が解けた後の島の人口は4分の3に減った）。ただ、（原発事故による）放射能の災害は、復興に必要なスパンがこれまでの例とも違う。そこを考えてほしい、と国に訴えている。県知事も同調してくれている。（20年には次回の国調があるが）人口が減ったから交付税も減らすという乱暴なやり方でなく、配慮をお願いしたいと言っている。徐々に徐々にいかせてもらえれば、どこが無駄でどこが必要か、分かっていく」

望郷と闘病、帰還
そして逝った女性の6年半

2017年3月　飯舘村

東京電力福島第1原発事故から6年が過ぎた2017年3月31日。政府から全住民の避難指示が出されていた福島県飯舘《いいたて》村などの被災地に、「避難指示解除」が宣言されました。待ちくたびれたと表現するのが正しいかもしれません。原発事故がなければ、誰もが全く違う人生を送っていた、その命を縮めることなく今を暮らしていた、と思える人が筆者の身近にいます。「飯舘村の太陽」。そう呼びたいほどの笑顔と朗《ほが》らかさで仮設住宅の同胞たちを支え、避難指示解除の5カ月後に息を引き取った佐野ハツノさん（享年68）。がんとの闘病に耐えながら「帰還」を待ち望み、古里の家で短い最後の日々を送りました。

心に決めていた帰還

冬と春の境の寒さと曇り空。華やいだ色は何もない飯舘村の２０１７年3月31日朝でした。中心部の草野商店街に人影はなく、原発事故以来閉ざされたシャッターが連なっています。16年夏に完成した木造の村交流センター（中央公民館）「ふれ愛館」だけは、突然のにぎわいが降ったよう。あちこちの避難先の村民たちが、６年ぶりの避難指示解除を記念する村主催の「おかえりなさい式典」に集いました。約３００人を前に、菅野典雄村長は「これはゴールではなく、あくまでも復興のスタートに立ったということ。だが、それだけでとてつもなくうれしく、そんな思いを飯舘村の表現として『おかえりなさい式典』にした。大勢の人に応援、支援、協力をもらっ

避難指示解除を前に、改築も成った自宅で新生活を送る佐野さん夫婦＝2017年1月30日

て本当のスタートを切ることができた」と述べました。いまだ除染も行われずに取り残された帰還困難区域・長泥《ながどろ》地区の人、放射線への危惧から早期解除に反対を訴えてきた村民も「節目の日だから」と顔を見せ、さまざまな思いが交差した会場にハツノさんがいました。農家の夫幸正さん（70）と共に福島市の松川工業団地第1仮設住宅で暮らしながら帰村を待ち続け、除染が早く終わった同村八和《やわ》木《き》地区の家で16年のお盆前から、村の許可を得て長期宿泊（帰還準備の仮住まい）をしていました。「6年は長かった。この日をみんなと明るい気持ちで迎えたかった」と笑顔を浮かべました。

ハツノさんとの縁は06年にさかのぼります。筆者も関わった仙台市での「食育」シンポジウムに参加して「山村の自然と食を生かした農家民宿をやりたい」と夢を披露し、その言葉通り、「あふれるモノやお金はなくとも、暮らしの知恵と心で手作りする」という「までい精神」の村で初めての民宿を実現させました。飯舘は筆者の郷里・相馬市に隣接し、福島県浜通りの北部を占める同じ相馬地方の村。11年3月11日の東日本大震災後、原子炉建屋群の水蒸気爆発事故が起きた福島第1原発から30キロ以上離れ、阿武隈《あぶくま》山地に隔てられた村からも「放射線量が異常に高まった」というニュースが伝えられ、佐野さん一家の安否を心配していました。ようやく取材で訪ねることができたのは4月12日。福島第1原発（双葉町、大熊町）から半径20キロの避難指示地域の周辺で、拡散した放射性物質の累積量が高い地域として飯舘村など5市町村に、政府が計画的避難区域に指定する方針を発表した「運命の日」の翌日です。あまりに突然の全住民避難の指示に村役場は騒然としていました。

のどかな丘陵と水田の風景に農家が点在する八和木地区の人々も混乱の中にありました。親牛4頭の和牛繁殖と13ヘクタールのコメ作り、85アールの葉タバコ栽培、2ヘクタールのソバ栽培。4世代

飯舘村に計画的避難の方針が伝えられた翌日、牛舎で思案するハツノさん、幸正さん＝2011年4月12日

同居の専業農家だった佐野家では、放射能の不安から村内の若い世代がそう選択したように、長男夫婦が３月のうちに孫２人を連れて近郊の福島市に避難しました。自宅の民宿には原発事故の直後、峠を挟んで東隣の南相馬市から幸正さんの友人ら12人が避難してきましたが、すぐに「飯舘村も放射能が心配だ」と去りました。それでも佐野さん夫婦は「手塩に掛けた『農』の種も牛も村から絶えたら、いずれ若い人たちが再び戻って生活を立て直す基盤もなくなる。それでは避難の意味がない。私たちは食べる分だけの野菜をハウスで自給し、とどまりたい」と筆者に語りました。その日以来、心に決めた帰還でした。

再び集う隣人たち

26世帯が暮らしていた八和木は村内で放射線量が低かった地域にあり、環境省による除染後の放射線量は、避難指示解除当時の近隣の定点測定で0・3マイクロシーベルトに下がっていました。住民の大半が戻らない集落が数多くある中で「ここは別だと思う。長期宿泊をしたのは4戸だけど、他に20戸が家のリフォームを済ませて年内に帰ってくるそうだ」と、ハツノさんは期待を込めて語りました。「仲の良い奥さんは、『娘夫婦が福島市の避難先に新しい家を建て、そこに世話になっているが、二重生活を覚悟で自分の家に戻ってくるよ』と言っていた。八和木の仲間たちはみんな老人会の年齢になっているけれど、自分の息子、娘と離れ離れになっても地元が恋しいんだよ」

夫婦は佐野家の母親、ハツノさんの実家の両親を伴って仮設住宅で過ごしながら、避難中に傷んだ自宅のリフォーム工事を行ってきました。つち音に誘われるように、昔なじみがお茶飲みに寄るようになり、家々の改築が集落に広がっていきました。帰還を決めた仲間の動機はさまざまです。判断を迷った末に「いつか、おじいちゃん、おばあちゃんの家に戻るかも」という孫の言葉に心を動かされたり、東京にいる息子の「定年後には村に帰ろうか」というたった一言で決意をしたり。隣家の主婦は、福島市内の団地に定住するつもりで新しい家を建てながら環境になじめず、隣人とのつきあいも生まれず、孤独に悩んでいたといいます。「八和木に帰ってくる」という仲間たちの近況をハツノさんから伝え聞き、「古里で一緒に生きてゆきたい」と気持ちを変えました。コミュニティーの再生とは人のつながりがなせるものであり、ハツノさんのような「つなぎ手」があってこそでした。

夏の炎天下、管理人として仮設住宅を巡回するハツノさん＝2011年8月23日、福島市の松川工業団地第1仮設住宅

仮設住宅で奮闘の日々

ハツノさんは11年8月末、仮設住宅に自治会ができると村から管理人を委嘱されました。平均年齢が約70歳、半数が独居世帯という入居者のお世話役です。高齢者たちは3世代、4世代の同居が代々当たり前の広いわが家から引き離され、「生涯現役」だった農家の暮らしを断ち切られ、終わりの約束がない避難に絶望し、居室に引きこもりがちになりました。高冷地の古里とあまりに違う暑さ、狭いプレハブ長屋の環境にも元気をなくして。「クーラーなんていらなかったので使い方が分からない、風呂の沸かし方も分からない、と携帯電話がずっと鳴りっぱなし。麦わら帽で炎天下の中を出歩き、居室を一つずつ回って声を掛け、毎日くたくたになった」とハツノさんは振り返りました。仮設住宅のプライバシーを無視した無断訪問も、行

仮設住宅の入居者たちを元気づけた行事の１つ、春のお花見会「桜まつり」＝2012年4月28日

商、宗教や保険の勧誘、支援活動の売り込み、メディアの取材など多い日で20件以上。勝手に入り込んで撮影するテレビ局のクルーに「年寄りを傷つけないで」と抗議して追い出すと、「映してやっているんだ」と悪態をつかれました。

ある夕方、ハツノさんは「隣のじいちゃんの姿が見えない」と入居者から知らされ、同市飯野町に仮庁舎を置く村役場や警察に連絡し、自身も車で捜し回りました。不明になった高齢者は夜になって、十数キロ離れた同市微温湯《ぬるゆ》温泉近くの道でパトカーに保護され、無事に戻りました。やはり仮設住宅に入居後、徘徊行動が出始めたといい、「じいちゃんは飯舘の家に帰ろうとしたのだ」と入居者たちは語り合ったそうです。うつ、認知症、身体の衰えが進む高齢者も相次ぎ、ハツノさんは家族との連絡や施設探しにも追われました。

仮設住宅で活動した「カーネーションの会」。全国から支援の着物が寄せられ、主婦たちが「までい着」を縫った（左端がハツノさん）＝2013年1月23日

「どうやって入居者を外に連れだし、元気にするか」。自治会長の木幡一郎さん（80）＝同村伊丹沢地区の農家＝らが知恵を絞って同年11月から始めたのが、「生き生きサロン」というお楽しみ会。ハツノさんが窓口役となり、支援の希望がある演芸の出し物、近場の名所へのミニ旅行、仮設住宅でのお花見会など、多彩な催しを毎月1回催しました。筆者もまたフラのサークルを主宰する郷里相馬市出身の同級生や、仙台で「ちんどん」芸の活動をする友人の一座を紹介し、出前公演をつながせてもらいました。もともとお祭り好きで、歌や踊りの芸達者が多い村民気質にぴたりと合い、お花見会は入居者が隠し芸を競い合う場に盛り上がりました。

その模索から生まれたのが、ハツノさんが生みの親になった「までい着」作り。貧しかった戦中戦後の飯舘村で、母親たちは古くなった着物を捨てず、子どもの普段着に仕立て直しました。その伝統技をよみがえらせて「飯舘らしい仮設発の特産品に」と作り手の主婦たちを募り、新聞の応援をもらって家庭に眠る着物の寄付を呼び掛け、母親のシンボルにちなむ「いいたてカーネーションの会」を旗揚げしました。多彩な着物柄を生かした「までい着」は首都圏の百貨店で毎年3月、「飯舘村支援フェア」として販売会が催されるようになりました。「多くの人の応援が避難生活の励みになった」とハツノさんは語りました。

がんと闘いながら

土日も夜もない管理人の激務の疲労、期限も目標もない避難がもたらすストレス、古里から引き離されたことの絶えざる痛みは、しかし、明るく前向きなハツノさんの健康を悪化させていました。最初の異変は11年11月、風邪をこじらせた肺炎でした。疲れも癒えず、休みを初めて取ってホテルの部屋で1週間、ひたすら体を横たえました。予定がない週末には車で村の自宅に行き、片付け事をしながら気分転換をしましたが、疲労は翌週まで残り、だるさとなって蓄積し、朝の散歩もできなくなりました。それから13年7月、八和木の留守宅で毎日の番をしてきた老犬の太郎が、病気になって弱った上、車にはねられる事件があり、仮設住宅から帰って介抱したその夜、ハツノさんは便器を真っ赤にするほどの下血に驚きました。病院で直腸がんと診断され、「すぐに手術します」「ストレスが原因ですね」と告げられたハツノさんは、手術の後、ついに管理人を辞めました。心身の疲れの蓄積は村議会議員だった夫幸正さんにも現れ、福島第1原発事故の後、地元八和木の住民と村役場の連絡調整に追われた毎日の後、仮設住宅に入って心臓を悪くし、13年9月に退任しました。

ハツノさんは以後、郡山市の病院で3回の大きな手術と抗がん剤、陽子線、免疫療法などの治療を経験し、心身をすり減らすようなつらい闘病に耐えました。その苦痛を表に出すことなく仮設住宅の仲間と笑顔で接し、近くの居室に住まわせた実家の両親の面倒を見ながら、幸正さんと一緒に「帰還」を決めていた自宅に通いました。太郎もボランティアに助けられて生きました。息を引き取ったのは15年7月の朝。ささやかな葬式に参列してくれたボランティアから、「お母さんの身代わりになってくれたのだね」と言われたそうです。

避難指示解除の後、八和木の家を訪ねたのは17年4月17日。戻った隣人は変わらず4軒で、「まだ寂しいけれど、今年中に戻るという仲間を楽しみに待つことにしてるの」。闘病を続けながらもハツノさんは元気でした。きっと、希望だけが心身を支えていたのでしょう。避難指示解除の後、農家として再び何をするか、夫婦は悩んでいました。「もう10歳若ければ、先頭に立ってまた農業をやったけれど、夫は70、私も間もなくそうなる。原発事故で田畑の環境がすっかり変わり、以前の農業はもうできない。民宿もやりたかったけれど、病気をして体力にもう自信がなく、きっぱりと諦めて営業許可を返上したの」。佐野家の入り口には、「までい民宿　どうげ」という大きな石の表札が避難中も飾られていました（同慶という旧地名から）。開業を思い立ったきっかけは、「農家の嫁は汗だくで働け」といわれた時代の１９８９年、村が企画した初の女性海外研修事業「若妻の翼」に参加し、旧西ドイツ・バイエルンの村に泊まったこと。自然を大切にした農村景観の美しさ、酪農など農業と家庭の楽しみを両立させた暮らしの豊かさに憧れ、幸正さんら家族の応援でかなえた夢であり、身を切られるようにつらい決断でした。

帰還後をどう生きる?

幸正さんはコメ作りの意欲を絶やしていませんでした。福島市松川町の仮設住宅の近くに水田60アールを借りてコシヒカリを栽培し、白菜なども育て、コメも野菜も買って食べるほかなくなった仲間たちに差し入れていました。しかし、八和木では農地の除染作業の後も、水田にフレコンバッグ(はぎ取られた汚染土の保管袋)の仮置き場が居座り、佐野家の田んぼの半分がその下に埋もれていました。葉タバコは、村内で栽培復活を希望する農家有志が除染後の畑で試験栽培をしてきましたが、「去年の検査でわずかに放射性物質が出た所があったそうなの。うちではもう、やるつもりはないけれど」とハツノさん。夫婦で話し合い、骨組みだけを残したハウス2棟分のビニールを注文し、自給自足の家庭菜園を作ろうとしていました。トマト、キュウリ、インゲン、冬は白菜や青菜類。ただ、全村挙げての避難で無人状態が続いた間、イノシシや猿が増えて縄張りを広げ、農業再開の脅威となっていました。イノシシは群れをなして餌を求め、田んぼを深く掘り起こして除染にも支障をきたしました。狩猟許可を持つ幸正さんは村の害獣駆除に協力し、「わなを仕掛けてこの冬に大分獲った」と言いましたが、村を守る狩猟者は避難生活と高齢化で激減していました。

原発事故後の環境の変化はそれだけではありません。山村の暮らしを豊かにした自然の恵みが、里山の除染が行われなかったため、ほとんど口にできなくなったのです。かつてハツノさんの民宿の食卓をにぎわせた春の山菜類、秋のキノコ類がそう。相馬地方の冬の保存食で、筆者にも「ばあちゃんの味」である「凍《し》み餅」もあります。材料に「ごんぼっ葉《ぱ》」（山菜のオヤマボクチの葉）が必要ですが、それも採取できません。飯舘村の人々が「香りも味も最高」と口をそろえる料理が「いのはなご飯」。シシダケというキノコを使いますが、いまは幻の味。「昔はみそも手作りで、溜まりのしょっぱいつゆをしょうゆ代わりにした。お金に換算できない食の豊かさがあった」と、その喪失をハツノさんは惜しみました。幸正さんは帰還後、原発事故前にやっていた山仕事を復活するつもりで山林に入ったものの、「6年の間に雑木は伸び、つたが繁茂して杉の木に絡まり、もう手が付けられない」。

佐野家はもともと4世代同居でしたが、幸正さんが既に農業経営を譲っていた長男は妻、2人の孫と避難先の栃木県内で暮らしています。長男はこの数年、単身で実家に住まい、村内の除染の仕事に携わってきましたが、「お嫁さんは飯舘村出身だけど『子育ての上で放射線に不安がある』といい、孫たちが高校を卒業するまでは戻らないと決めているそうなの」とハツノさんは漏らしました（最初の避難先の福島市の小学校で、お孫さんがいじめを受けて体調を崩すという経験もありました）。原発事故が被災地に生んだ家族の分断でした。「私たち夫婦は農業も村づくりも一生懸命にやってきた。そんな歴史を背負っているから、どうしても帰ってきたかった。でも、どの家でも子や孫の世代は戻ってこない。避難指示解除になったとはいうけれども、一緒にいた家族がこの家にいないのは寂しく、つらい」

2人で生きてゆく決意

仮設住宅でハツノさんが呼び掛けた「までい着」作りを先に紹介しました。「カーネーションの会」

の20人の仲間は、避難指示解除の後、6人だけが飯舘村の家に戻るつもりでいると聞きました。これからの生き方を異にし、仮設住宅に残るメンバーたちとは離ればなれになります。ハツノさんらは会の行く末について、こんな議論をしてきたそうです。

『「70～80代の仲間も帰りたい気持ちが強い。でも、福島市など村外に新居を建てる家族と同居するほかない、独りでは暮らせないと悩んでいる」と佐野さん。
「それでは、仮設住宅で培った縁も途切れてしまう。までい着作りを続けよう」というのがメンバーの思いだ。「大勢の人の善意に支えられた活動をやめられない」「離れても、週1回集えれば生きる励みになる」と話し合ってきた』（16年4月27日の河北新報連載『その先へ』より）

メンバーは「までい着」を、避難指示解除後も互いの絆にしようとしていました。17年3月11日にも首都圏の百貨店が飯舘村応援の販売会を催し、ハツノさんは病身を抱えて上京しました。でも、その後に決まったのはカーネーションの会の「解散」でした。ハツノさんによれば、販売会の機会が増えて外部の支援者と接してきた中で、「生活の収入を得る道か、仮設の仲間を元気づけるためか」をめぐるメンバーの気持ちのずれ、「商品」としてさまざまな注文を付けられる流通の世界への違和感など、村の主婦たちの経験を超える出来事が原点を見失わせてしまい、最後は「目的は終わった」と解散を決めたそうです。

避難指示解除。「どうしても帰りたかった」というハツノさんは念願を果たしましたが、古里の未来はまだ見えません。幸正さんとの新しい生活も人生も、自身の闘病の先行きに委ねられましたが、ハツノさんは一つのことだけを願いました。「これからは、何を辛抱することもなく、思うがままに生きてゆきたい。苦しいことはもうたくさん。リフォームした家には客間を増やしたの。民宿は諦めたけれど、親しい人、避難中に縁を結んだ遠くの人たちをここに招きたい。地元の集落の仲間たちともにぎやかに集い、楽しく過ごしたい」

「末期」と向き合う日々

『拝啓　初夏の訪れも穏やかな飯舘村の山々にもすっかり新緑が映え、つばめが軒下の巣にせっせと餌を運び、さえずっていたり、以前の村の風情が長閑《のどか》さを漂わせています。……が、田んぼに目線を下ろしますと、黒いトンパック（注・除染廃棄物のフレコンバッグ）に覆いを掛けて、ドシーンと塞がっている様に、いつまで続いてしまうのか？（私の生きているうちに……）と不安で胸が痛みます。村は3月30日を以て避難解除になり、ようやく帰れたと村へ戻った人が１７０人ほど（注・17年9月現在で約４００人）程との事。（中略）私たちは「村に帰ってからも続けたい針仕事！」をモットーに、薄気力ではありますが、頑張ってきた想いです。しかし、現在帰村できた人は3人。村外に移住者の多い実態であり、各々が身辺定着も難しい現在では針仕事をする心の余裕が見いだせなく、存続する事は会員の心を和ませる処か、反対に苦痛にしてしまうかと判断致しました』

「今まで支援してくれた人たちに出させてもらった」。佐野ハツノさんが見せてくれた手紙の文面は、どこか悲しげでした。17年7月1日に訪ねた福島県飯舘村八和木の家。古い着物の寄付を募り、多彩な柄の普段着に直す「までい着」創作の活動を続けてきましたが、手紙は、代表を務めた松川工業団地第1仮設住宅の主婦仲間との「カーネーションの会」を解散するというお知らせ。ハツノさん自身の長い感謝の言葉がつづられ、別に便せん1枚にも、仲間10人の御礼のメッセージが書かれていました。自宅にある広い物置には、作りながら未販売の「までい着」、手つかずのままの着物が保管されていましたが、「福島県立医大小児科の患者さんたちの入所施設に寄付を申し出たら、とても喜んでもらえた。そのことも手紙で報告したの」。ハツノさんは「これで肩の荷を下ろせた」と安堵の表情を浮かべました。「今まで支えていただきました皆々様に深く感謝し、御礼のご挨拶を申し上げます」。こう締めくくられる手紙は、ハツノさんの人生に関わった人々へ万感の思いを込めた告別にも読めました。

13年に最初の手術をした直腸がんから、肝臓に転移したがんは、その後2回の手術、抗がん剤や陽子線の治療、免疫療法でも改善していませんでした。床で横になっていたというハツノさんは、居間に出てお茶を入れながら「私、顔が黄色くない?」と気に懸けました。精いっぱいの笑顔を浮かべながら。「黄疸が強くなってね。動くのも大変で吐き気がする。全身がかゆく、それもひどくなる」。これほどまで病状が進んだのは半月ほど前、がん患者らが湯治《とうじ》に訪れることで有名な秋田県の玉川温泉に夫婦で出掛けた時でした。湯につかれないほど全身がだるくなり、つらい気分で帰宅すると血尿が出たといいます。4年にわたり治療してきた郡山市の病院の主治医からは、「もう肝臓が働かなくなっていると診断され、(余命は)あとひと月と告げられた」と幸正さん。6月末に親しい東京の親戚と那須温泉に泊まる計画があり、主治医は反対しましたが、思い直して「最後の旅行ですよ。楽しんできて」と許可してくれたそうです。「でも、旅行先でまたひどくなって食事もできず、だるくて寝てばかりいたの。でも、きょうは元気があるから」。気丈に明るく話したハツノさんは、それが最後になるかも知れない入院を４日後に予定していました。

心を癒やす古里

この日、見舞いに持参したのは山形産の旬のサクランボ。ハツノさんは「おいしそうだ」と目を細め、真っ赤な一粒をつまみました。「きょうは食欲があるの。伊達市に避難している知り合いが新品種のジャガイモを持ってきてくれて、みそ汁を父ちゃんに作ってもらった。とてもおいしくて、普通の茶わんに一杯食べたよ。ご飯も三分の一くらい。いつもは食べられないんだけど」

ハツノさんの誕生日は9月5日。幸正さんは以前の取材で「思ったより元気で、そこまでは大丈夫なのではないか」と希望を語りましたが、本人は「私の判断では、夏まで持つのかなと思う。（主治医から）2、3月ごろ、『(がんの）痛みはないか』と聞かれた時は何ともなかったけれど、今は痛くてね」。転移した肝臓がんの手術は15年、16年も行われて、それでもがんを取り切れず、一縷の望みを託した陽子線治療も重ねましたが効果が現れず。いつも最善の方法を選んでくれたという主治医が、ついに「手術はもうできません。体力的にも無理です」「薬（抗がん剤）も、もう施しようがありません」と言ったそうです。

幸正さんは穏やかな表情で妻を見守りながら、「奇跡の水がある」と人に聞いた山の湧き水を遠方までくみに行ったり、サルノコシカケや霊芝《れいし》を絶やさず煎じたり、何でも試してあげようと献身していました。回復を願う友人知人からも、効能があるとされる健康飲料類が差し入れられていました。ハツノさんも一生懸命に服用し、「体調が良くなって。もしかして、治るかもしれないと感じる」と顔をほころばせる時期もありましたが、それらもやめました。「あんなに努力してきたのに変わらない」「まったく情けない、情けない」。弱気になるのはハツノさんらしくない、と言うと、涙声で「今度はだめ、今度はだめなんだ」。

筆者が最後に撮った、自宅療養中のハツノさん
＝2017年7月1日

心身につらい負担となってしまった那須温泉への旅から、この前日の午後に帰宅。それでも、ふさぎ込んだ心をぱっと解き放ってくれたのは、家から眺めた古里の田園風景だったそうです。「そのまま外に出て歩きたかったけれど……。父ちゃんと春から野菜を作り始めたハウスが見えて、とても気持ちが良かった。もう、トウモロコシが高

く伸びているの」

八和木では、前述のように環境省の除染作業、農地の地力回復工事が16年の早い時期に終わり、その8月のお盆前、夫婦は村の「長期宿泊」許可を得て避難指示解除より半年以上も前、仮設住宅からの帰還を果たしていました。闘病の不安を抱えながらの生活再建は、2人で夢見た将来よりもあまりに早い「末期」の到来を迎えましたが、ハツノさんは「後悔はないの」と言い切りました。「帰ってきて良かった。ここにいると、体の具合は悪くとも、心は安らぎ、自由でいられる。ウグイスの声も聞こえて、なんていうのどかさ。狭い仮設住宅のように誰かに気兼ねすることなく、もう自分の好きなように暮らせるから」

『佐野家では、幸正さんの母トミエさん(89)と、長男裕さん(44)の夫婦と2人の孫が同居していました。ハツノさんが開いた「までい民宿　どうげ」の手作りチラシでも、一緒に笑顔を見せていた家族です。村の若い世代の多くは、原発事故の直後から「村内で放射線量が異常に高まった」との情報やニュースが流れたことから、いち早く自主避難を始めていました。裕さんの家族が八和木の実家を離れたのは(11年)3月17日の夜。両親から経営の移譲を受けて和牛の繁殖を手掛けていた裕さんは、栃木県の那須高原の牧場に仕事を見つけて、先にしばらく福島市を避難先にしていた妻子を7月に呼び寄せました。ハツノさんは、愛する孫たちと別れた朝の悲しさ、苦しみを片時も忘れられないでいると語ります。

「出発する時、男の孫が『お父さん(裕さん)の下駄を持っていってあげたい』と、母屋の向かいの古い板蔵に探しに行ったの。わたしも一緒に入って、手をつないで、こう話した。『ここにあるものはみんな、お前のものだよ。家も田んぼも、お前のものになるんだ。だから、大人になったら戻ってきて、農業をやってな。それまで、じいちゃん、ばあちゃんが一生懸命に守っているからな』」

松川第1仮設住宅から車で30分ほどの八和木の家に用事で戻るたびに、帰り道、板蔵でのことを思い出し、涙があふれるといいます。「明るく元気にしているけど、わたしは泣いているの。いつも、心は泣いているの」』(ブログ『余震の中で新聞を作る144～生きる、飯舘に戻る日まで⑧ 古里最後の集い、家族の別離』より)

ハツノさんから聴いた、福島第1原発事故直後の佐野家の家族の別れでした。わが家から、古里から離れ、引き裂かれるような思いを癒やしてくれる場所は、やはり、わが家しかなかったのでした。たとえ病は重く、あとわずかしか生きられない日々だったとしても。

最後の見舞い、そして

最後の見舞いとなったのは8月7日。客間に通してくれた幸正さんが話しました。「郡山の病院に1週間入院した後、『もうここにいたくない』とハツノが言い、帰ってきているんだ。それから具合が悪くなるばかりで、ずっと寝ている。訪問の看護師さんが1日おきに点滴をしてくれる。病院からもらっている、かゆみ止めの薬なんだ。(看護師が休みの)土曜日は俺がやっている。調子が良い時は床から起きてしゃべるが、あんまり『痛い痛い』と言わないのはいいこと」。やがて、奥で休んでいたハツノさんが痛々しいほどの笑顔をつくって、「足がむくんじゃった。でも、割としっかりした顔をしているでしょ」。幸正さんは「(黄疸で)目の黄色いのが、きょうは取れているな。きれいな目をしている」と妻を喜ばせました。ハツノさんは、両親に最後の挨拶に行ってきたと語りました。生家である宮内地区の実家に原発事故前まで、両親は弟さんの家族と一緒に暮らしていました。

『3世代、4世代で暮らしてきた人々とその共同体の離散は、飯舘村の歴史になかった出来事でした。とりわけ高齢者たちにとって家を追われる事態は、身を切られるも同然の痛みを伴いました。「絶対に行かない。死ぬ時は放射能のためじゃなく、寿命で死ぬんだ。だから、俺に構うな」。同村宮内地区にあるハツノさんの実家の父嘉兵衛さん(93)は、一緒に避難するよう説得した娘にこう訴え、母チヨさん(91)と一緒に、てこでも動こうとしませんでした。「あのころ双葉町(福島第1原発が立地)で、避難を嫌がっていたお年寄りを自衛隊員がやむなく助け出す、というニュースがあった。父はそれを見ていて、『自衛隊が来たら、俺は山に逃げる』とまで言った。頑強だった」とハツノさんは苦笑する。「最後は、『一緒に岳温泉(二本松市)に行こうよ』と言って連れ出したの」』(11年の同前ブログより)

両親(現在は95歳と93歳)はその後、佐野さん夫婦が入った松川工業団地第1仮設住宅で暮らし、ハツノさんが時々、車で実家まで乗せていって心を慰めていましたが、高齢や窮屈な環境のため体の衰えが進み、自立生活が難しくなり、飯舘村に隣接した伊達市の高齢者ホームに入所していました。幸正さんに伴われた最後の面会で、「母親は私の手をつかんで、『私とおじいさんも一緒に連れていって』と泣き出した。父親は足が不自由になって、いすに座ったままの暮らしで、耳も遠くて聞こえにくいのに、『ああ、もう娘に会えないんだ』と思ったのだろうね。私が帰ろうとした時、いすから地力で立ち上がって、ずっと手を振ってくれた」。しゅうとめのトミエさん（91）も同じ仮設住宅で6年半を暮らし、陽気な性格で毎日を明るく過ごしましたが、「福島市の施設に入ったよ。持病の心臓に加えて肺も弱らせて酸素を吸っている。ハツノのことは知っている」と幸正さんは言いました。

ハツノさんは、解散した「カーネーションの会」の仲間のことなどを、いつもと変わらぬくらいの快活さでしゃべった後、疲れたのか、「頭がガンガンとなってだめなの。部屋で横にならせてもらうね」と立ち上がった。「私はもう十分、頑張ったと思うの」と言い残し。

幸正さんから電話で、ハツノさんの再入院の話を聞いたのは同25日。「家にいられる状態でなくなり、病院に入って終末期のケアを受けている。モルヒネを打ってもらい、穏やかにしているよ。こちらの話に返事はできて、意識もはっきりしている。だが、誕生日（9月5日）までは持ちそうにないな」。それから、訃報が届いたのは3日後の早朝でした。

悔いなく生きられた

この夏の東北は、「昭和の大凶作」があった1935年以来の長雨と異常低温が続き、残暑もないまま過ぎていました。ハツノさんの葬儀が、飯舘村や松川工業団地第1仮設住宅から近い川俣町で行われてから1週間後の9月6日。太平洋岸特有のヤマセの霧雨に煙る八和木の家に幸正さんを訪ねました。ハツノさんがまた笑顔で迎えてくれそうな気がして。和服姿の遺影に線香を上げると、幸正さんが静かに語りました。「『太く短く、悔いなく生きられた』と本人は言って穏やかに逝った。最後の入院後はモルヒネで眠ることが多くなったが、4日前の昼には大好きなうどんを食べたよ。その後は目を覚ますことなく、8月28日の朝4時ごろ、呼吸が少し荒くなった後に息を引き取った、看護師さんから『今夜あたりかもしれない』と知らされていたので、家族みんなで見送ることができた」。祭壇の遺影は、「までい着」作りの活動で4年前に内閣府の「女性のチャレンジ賞」に選ばれ、表彰式に招かれた際の和服姿でした。金屏風を背にした笑顔が誇らしげに灯明《とうみょう》で輝いていました。

ハツノさんは帰還後の新生活へ希望を捨てず、青い新車の前で笑顔を見せた。後ろが、残した古い板蔵＝2017年3月8日

家の外では、ハツノさんが営んだ民宿に使われた木造

の別棟がいつの間にか解体されて、広い更地になり、隣に古い板蔵がぽつんと残っていました。「板蔵も壊したかったのだが、邪魔が入ってね」と幸正さんは苦笑しました。原発事故後の家族の別離を語ったハツノさんの回想に登場する板蔵ですが、「古くても、俺がメンテナンスをするから残してくれ」と長男の裕さんが訴えたそうです。あの時、ハツノさんが「ここにあるものはみんな、お前のもの。大人になって戻るまで守っている」と避難する孫に伝えた言葉が、「遺言」になって残させたのかもしれないと思いました。幸正さんは、江戸時代に越後（新潟県）長岡から移住してきた木挽《こびき》の7代目の末裔に当たり、代々使われたのこぎりも板蔵にあります。「壊して新たに車庫を造るつもりだったが、この広々とした眺めもいいいな」

「思いを受け継いで」

ハツノさんの心残りがあるとすれば、原発事故と避難生活、自身の闘病のために廃業せざるを得なかった「までい民宿　どうげ」のことではなかったでしょうか。佐野家の入り口にどんと据えられた「どうげ」の大きな石の看板は既に撤去されていました。「実は今年の2月の時点で主治医から『もう長くはない』と告げられ、（民宿の復活に）諦めはつけていたんだ」と幸正さんは語りました。筆者は、4月に訪ねた折にハツノさんが「田舎を知らない都会の人に農家の暮らしを分かってほしい。山の恵みのおいしさ、星空や自然の美しさ……。飯舘の豊かさを体験してもらおうと始めたの」と振り返ったのを思い出しました。

「Dear 大切な人～10年後のあなたへ～2006・9・30」。こんなスタンプが押された1通の手紙を読ませてもらいました。飯舘村の立村50年を記念し、村が住民に「書いて出してほしい」と参加を呼び掛けた「10年後に届く手紙」でした。「佐野幸正様」と宛名があるハツノさんの手紙は、「10年後、20年後、もっともっと長く元気で生きましょうね」「助け合いながら大好きなこの飯舘村で悔いない人生を送りましょう　お約束!!」と愛情、希望に満ちて、末尾は「(同年)９月中旬に〝農家民宿　どうげ〟の許可をいただいたから、ばあちゃん（義母トミエさん）にも一役発揮してほしいよ、頼りにしていますからね」と結ばれていました。ようやく避難指示が解除され、これから復興を目指す村にこそ、「どうげ」のように村外から大勢の人が訪れ、交流が生まれる場が必要でした。そんな役目をきっと、ハツノさんは新たな人生で担いたかったのではないでしょうか。

幸正さんからもらった土産は、この年の春、ハツノさんがハウスに苗を植え、丸々と実った白いカボチャ。飯舘村出身の農業技師が品種改良を重ね、村の農家の主婦が避難先で栽培して広めたという「いいたて雪っ娘《こ》」です。味の良さが評判だと聞きましたが、ハツノさんからの思わぬ贈り物になりました。そして、帰り道に眺めた「形見」があります。

佐野さん宅の居久根（屋敷林）の裏手にある放牧地跡。かつてはのんびりと和牛たちが遊んでいました。全住民避難とともに多くの農家は、村で約３０００頭が飼われたという牛を泣く泣く県家畜市場（本宮市）での競売に運びました。幸正さんとハツノさんは16年暮れ、その放牧地跡の周縁にケヤキ60本、桜10本の苗木を植えました。「苦難を乗り越えて帰ってきた証しなの。夫婦一緒に精いっぱい生きて、いなくなる時が来ても、きっと木は大きく伸びている。そんな私たちの思いを子どもや孫たちにつないでほしい、この家や村をいつか受け継がせてほしいという願いを託したの」。そんな言葉がよみがえります。

放牧地跡ではいま、「将来を考えて太陽光発電のパネルを置くことにした」という幸正さんの発案で工事の最中でしたが、苗木は育ち、緑の葉を付けた枝を伸ばしています。放牧地跡のそばの道路脇で不意に出合ったものがありました。霧雨に濡れながら、朽ちることなく立つ「までい民宿　どうげ」の木の表札です。ハツノさんの夢が生き続けていました。

八和木集落の入り口にいまも立つ「までい民宿どうげ」の立て札＝2017年9月6日

あのムラと仲間はどこに
帰還農家が背負う開拓者の苦闘

2017年4月　飯舘村

戻ってこない農地

福島県飯舘《いいたて》村の避難指示が解除された2017年3月31日を前に、河北新報に載った筆者の連載『「帰還後」をどう生きる』から2回目『遠い農地再生』（2月24日）の一部を紹介します。帰還を志し、12年から取材の縁を重ねてきた同村比曽《ひそ》地区の農家が「解除」の実情を語っています。

『標高600メートルの福島県飯舘村比曽の冬は寒々としている。集落の水田群は環境省の仮置き場とされ、除染廃棄物の黒い袋の山が雪をかぶる。農業菅野義人さん（64）の水田もそこにある。「風雪の中で牛の堆肥を土にすき込み、コメ11俵（660キロ）を収穫した」という農家の基盤は、6年前の東京電力福島第1原発事故で奪われた。仲間と取り組んできた和牛の繁殖は身を切る思いで断念した。

政府は3月末、広大な仮置き場を被災地に残したまま避難指示を解除する。搬出先の中間貯蔵施設（福島県大熊町、双葉町）の建設が大幅に遅れ、除染廃棄物の撤去時期は未定のままだ。

さらに、環境省は除染後の農地にカリウムなど肥料や土壌改良材を入れる地力回復工事を比曽で2017年度に予定しており、持ち主への引き渡しが遅れる。

「それらを完了させ、初めて避難指示解除をするのが国の責任だろう。帰還する農家は、原発事故前よりはるかマイナス地点から再出発しなくてはならない」

義人さんは開拓者の覚悟で二本松市の避難先から比曽に通う。「飯舘は『農』の村だ。農地こそ復興へのかけがえのない資源」だからだ。地力回復工事を待たずに取り組むのが、かつて牛36頭を育てた自宅の牧草地の復旧。1人きりの作業は難儀で危険でもある。

除染作業の重機が土を踏み固め、土中の排水管も壊れ、雨が降ると水浸しになった。「表土を剝がした跡に大小の石が露出し、全部取り除くしかない。昔は平気で持ち上げた石が重たく、体力の衰えを感じた」

除染後に客土がされた山砂は酸性で農地に向かない。地力回復工事にも懸念がある。土にカリウムが多いと、そこで牧草を食べた牛の健康を害する。「来年、再来年は緑肥作物を育ててすき込み、土作りをする。しばらく収入はないが、農地再生は人間の力でなく土の力あってのことだから」』

いま65歳の義人さんは、「居久根は証言する　除染はいまだ終わっていない」の章で紹介した菅野啓一さん（62）の長年の農業、地域づくりの盟友です。帰還困難区域の長泥《ながどろ》地区に隣接する比曽は村内の放射線量の定点測定でも高い数値で推移し、環境省による除染作業も、村中心部から遠い周縁部の地理条件から19行政区（長泥を除く）でも順番が最も遅く、避難指示解除前年の16年度までかかりました。義人さんの自宅は比曽の小盆地を見渡せる高台にあり、原発事故前は、畜産農家らしい赤いサイロが目印でした。１９１２（明治45）年に曽祖父が建てた大きな風格ある母屋は、帰還後の生活のためにリフォームされたばかり。地区の住民組織である行政区の役員を務め、全住民避難の間も、環境省の除染計画を巡る協議、交渉に関わり、啓一さんと共に地元の放射線量測定や除染実験の自主活動に携わりました。記事にある自らの農地再生にも早くから取り組み、二本松市内の友人から借りた避難先の家から通い続けました。連載の後、再訪したのは避難指示解除後の4月15日です。

地力回復工事の実態

「地区の除染作業は終わったが、環境省は今年（17年）、続いて『地力回復工事』を計画している。それが終わらないと、帰還しても農地も引き渡されない。どこが避難指示解除なのか」と義人さんは語りました。地力回復工事とは、除染後の水田や畑を耕起し、肥料のケイ酸カリウム、熔《よう》リン、土壌改良材のゼオライトを散布する作業をいいます。飯舘村など国直轄の除染対象地域では、環境省が独自基準で、放射性セシウムを含む表土を深さ5センチまではぎ取りました。農家が何代もかけて肥やした土は失われ、代わりに客土されたのは、村内で大量に調達できる山砂。村内の農地は砂漠のよう

除染土の仮置き場がある比曽の冬景色。左上に見えるのが義人さんの家＝2017年12月10日、飯舘村

になり、持ち主たちから「どうやって農業をしろというのか」といった苦情や失望の声が上がり、対応策として急きょ追加された工程でした（カリウムやゼオライトには、土中に残存する可能性がある放射性セシウムを作物の根から吸収しないように抑制する効果も期待されました）。

義人さんによると3月末、比曽の公民館で行政区の住民総会があり、環境省の出先である福島環境再生事務所の担当者が地力回復工事の説明をしました。「説明の資料に、牧草地には『10アール当たり40キロの種子をまく』という記述があった。それは農家の常識からすると10倍に当たる量であり、おかしいと思った私は『4キロの間違いではないのか』と指摘した。ところが、環境省側は『そのように指示があった。間違いではない』と言い張り、認めようとしなかった。農業を知らない人たちに、われわれ農家が復興を指導されている」。同じ役所による飯舘村での以前の年度の

『除染等工事』の仕様書がインターネットに載っており、それを確かめてみると、40キロという数字は『1ヘクタール当たりの（牧草の種子の）播種量』として記されており、義人さんの指摘通りでした。

「肥料や土壌改良材の配合量も、一律の工事仕様で記されていた。われわれ農家であれば、あれだけの環境の変化があった後、まず農地1枚1枚の土壌分析をして、何がどのくらい、農地の回復に必要なのかを確かめてから決める。地域ごと、土地ごとに土の性質も、使うべき肥料も違うのだ。やり取りをうやむやにせず、村役場にも、説明の誤りを文書にして知らせた。そのまま実施されたら大変だからだ。だが、担当者から修正の回答はなかった。困難が山積みの村に戻る覚悟でいる当事者を、地元の復興を国は支援する立場なのに、声を聞く耳を持っていない」。義人さんはため息をつきました（誤りを修正する回答が後にあったそうです）。

住民総会で、環境省側からは地力回復工事の完了と農地の引き渡しの時期について、「工事を終えた農地から目印の白い旗を立ててゆき、年内には完了して地元に返します」と説明があったそうです。ただ、それは地区全体での話。「個々の引き渡し時期がいつになるのか分からず、計画や見通しを立てることができない」と義人さん。「せめて、お盆くらいまでに農地が返されれば、秋まきの麦を育てて緑肥にし、来年春には土にすき込むことができる。だが冬が近づけば、その作業は一から来年にずれこんで、農地の復旧は遅れていく」。義人さんが実感したのは、3月31日の「おかえりなさい式典」で村が盛大に祝った「避難指示解除」と、帰還する住民が「復興」どころか生業の土台の「復旧」すら始められない――という現実のギャップです（「『おかえりなさい』飯舘村の避難指示解除の

義人さんの畑地の土を重機ではぎ取った除染作業＝2015年６月に義人さんが撮影

朝」の章参照）。

菅野典雄村長は式典に先立つ筆者のインタビューで、農業復興についてこう述べました。「（帰還後の）自立のための生活支援の制度を作るように訴えてきた。２０１７年度に実現したのが『原子力被災12市町村農業者支援事業』や、その商業者版の制度だ。営農再開や規模拡大、新しい作物導入などに、１０００万円を上限に（３０００万円のケースも）事業費の４分の３を補助する。既に50人が手を挙げた。もう一度農業をやりたくても、自身の高齢化、農地に積まれたフレコンバッグが壁になることもある。自立できる人がまず始めることで、生業の再生、地域の再生につなげたい」。明るい希望のプランのように響きますが、事業は農業生産の機械や施設、流通・販売の設備、果樹や花の苗、家畜の導入などで、現状から比較的短期間で農業を始められ、場合によっては単年度で成果を促成できるような分野を対象としています。１人でも多く帰還し農業を再開してほしいという村の切実な事情、「復興」を早く進めたい政府の方針が優先され、「将来の村のために何よりも大事なのは土づくり」という一篤農家の訴えとは方向があまりに違いました。

学生たちに語る苦闘

それから7カ月後の11月13日、仙台市の東北大川内キャンパス。義人さんは筆者が担当した講座「とうほくの未来を拓く新聞論」に招かれ、「帰還者」の体験を学生たちに語っていました。比曽地区の86戸のうち、古里に戻ったのはわずか4戸。生業再生を願う義人さんに、国の対応もずさんでした。農地の地力回復工事は同年秋まで延びて持ち主への引き渡しが遅れ、汚染土のはぎ取り後には無数の大石が残され、農業を知らぬ土木業者の粗雑な工事を自らやり直しするなど、貴重な1年は無になったといいます。買い物を地元でできず、注文品も宅配されず、自力で除雪しなければ家族の介助ヘルパーも村外から来られない。ドラマ「北の国から」さえほうふつとさせる「開拓者」の苦闘の日々です。

「2011年3月に原発事故が起きて、同居する長男のお嫁さんに赤ちゃんができたので、すぐに茨城県の実家に避難させた。比曽の放射線量は高くなり、政府から村に全住民避難の指示も出て、私は妻の久子（65）と隣の二本松市に避難した。長男の家族が次の避難先の北海道に向かう途中、久しぶりに飯舘村のわが家に寄ってくれたのが翌年11月。しかし、除染前で家の周囲の放射線量は高く、

東北大の学生に原発事故の体験を語る義人さん＝2017年11月13日

これから家族をつくっていく村の若い世代がいられる環境ではなかった。原発事故の後、安全の物差しも、何を信頼したらいいかのより所も失われ、自分たちを守るすべをそれぞれが手探りしていた。再び集えるのがいつになるのか分からないが、私も女房も、よく一家で楽しんだバーベキューをもう一度やれたらと願っていた。まず帰還できるわが家を作ろうと、明治45（1912）年に曽々祖父が建てた家の解体と改築を決めた」

教室で学生に囲まれて語った義人さんに、こんな質問がありました。避難指示が解除されて間もなく飯舘村を訪ね、「解除」の風景からは遠い異様さを感じたという女子学生の感想でした。「村のあちこちにトンパック（除染土1トン詰めのフレコンバッグ）がいっぱい積まれて、今も放射能が怖いと思った。ご家族の話を聞いたが、帰還することに不安はなかったのですか」。義人さんは「不安がないとは言えない」と率直に心中を語りました。

「環境省は、家の周囲や農地を一定基準で除染（放射性物質が多い地表から深さ5センチの土壌はぎ取り）したが、それは地区の生活環境のごく一部だ。汚染された居久根《いぐね》（屋敷林）は林床の表面を掃除しただけ。山林は未除染のままで、それらがある家の裏手に回ると、3～4マイクロシーベルト毎時に放射線量は上がる。除染作業が本格化した昨年夏、私は行政区の仲間や支援者の放射線専門家と一緒に地区の全戸を巡り、家の周りの除染前後のデータを集めた。除染前だと、家の前で6マイクロシーベルト、裏に回ると20マイクロシーベルトという所もあった。その仲間らと一緒に、わが家の居久根の林床の土や木の枝を除去して、粘土層まで深い穴を掘って埋設する実験もしてきた。放射線量を劇的に下げたし、地下水にも放射性物質が出ないことを継続的に証明してきた」（「居久根は証言する　除染はいまだ終わっていない」の章参照）

「『農家の自分が何をやっているのか？』と思ったこともある。だが、他の誰がやるのか？　息子や孫にやってくれと言えるか？　線量を下げることが帰還のカギになるのなら、生かしてもらえる時間があとせいぜい20年だとしたら、自分たちが今やらなくては。60代の私たちの世代の責任であり、使命なんだ。できることを一歩一歩やっていくしかない」

飢饉を生き抜いた家

義人さんは避難指示解除後の7月に二本松市内の避難先を引き払い、それまで改築工事や帰還準備で毎日のように通った比曽のわが家へ、久子さんと2人で帰還しました。標高約600メートルの比曽は昔から冷害の常襲地。旧相馬中村藩の時代に山中郷《さんちゅうごう》と呼ばれた飯舘村は、1780年代の「天明の飢饉」で住民の約5000人の4割が死亡、失踪した悲惨な歴史があります。このうち今の比曽と長泥、蕨平《わらびだいら》の3地区が含まれた旧比曽村は当時、91戸からたった3戸に激減しました。義人さんの先祖は生き残りの1戸として、無人の荒れ野に戻った古里にとどまって復興に尽くしたといいます。

『天明4年の3月までは、砕けしいな、麦類、ヒエなどの雑穀に、クズ、ワラビの根を混ぜ、粥や団子にしてしのいだが、草木の萌え出る頃を待ち、セリ、ナズナ、ウコギ、クコ、カエルッパなどに藁《わら》の粉、こぬか等を混ぜ、練りモチや団子にした』

『天明4年の春には、多くの餓死者に加え、疫病が流行し、病死、中毒死もあり、死者の数は増えるばかりであった』

『耐える意思なき者は、老父母を置き去りにして逃げ行き、或いは、我が子を淵川池堤に投げ入れ、富家の門前に置き去りにする者あり』

『凶作により人の心まで落ちて、浸種や苗代に蒔いた種まですくい撮り、強盗、追いはぎ等数々の罪人多く、火あぶり、はりつけ、打ち首等の仕置きあるも止まらず』

当時の比曽村の惨状を記した「天荒録」の一節です（現代語訳）。それに先立つ宝暦5（1755）年の飢饉でも、『穀物の値も上がり、ワラビの根、葛《くず》の粉、こぬかを食べ、絶食の日もあり、山中郷の人は顔色青白くやせ衰え、病人や老人たちは2〜3日伏せた後相果て、野山、道路で死ぬ者も多くあった』（同じく『宝暦山中郷飢饉聞書』から）。義人さんは、比曽に入植した初代から数えて15世代、約400年続く農家で「肝入」（名主）も務めました。「高冷地の開拓の難儀、数々の大凶作、仲間を犠牲にした戦争を乗り越えて耕し、肥やし、守ってきた農地、集落。それが復興の原点だ。先人の労苦を思えば、克服できない困難はない。原発事故もまた歴史の試練と思い、『帰還』以外の選択肢は自分になかった」

母屋の改築工事で残した古い大黒柱を見る義人さん＝2015年7月

改築された母屋も、その思いを形にして伝えます。黒光りする太い柱や無骨な梁《はり》は、105年前に建てられた当時の杉とヒノキ。「傷みがなく構造もしっかりしていて、残せるものは残した。『五寸五分』といった昔の寸法なので、大工さんは大変だった」「古い母屋のふすまを外すと『田の字』の広間になり、昔は大勢の人が集まり、結婚式も葬式もここでやったものだ」。

義人さんは先祖の形見をそのまま残し、内側には温かみのある木の色と白壁、外観には白壁、こげ茶色の板壁を新たに調和させた家にリフォームしました。目を見張るのは、部屋の一つの天井近くに鎮座する神棚でした。幅5～6メートル、高さは1・2メートルほどもあり、比曽の歴史と先人の生き方を受け継ぐ気概が漂います。濃い飴色に染まった神棚には「明治四拾五年壱月六日　大工　越後之国蒲原郡　相馬駒吉　戸主　菅野義久」との墨書が読めました。

農地返還の遅れと不信

東北大の講座の後、比曽を再訪したのは12月1日。東北の冬が早く、飯舘村では11月12日に初雪が降っていました。柔らかな日が差しますが、比曽は痛いほどの寒気に満ちていました。除染後の水田のむき出しの土色と雑草の枯れ色、その上に緑色のカバーをかぶって居座る除染土の広大な仮置き場、裸になった木々、取り残されたように動かない重機群。荒れ野のような風景のどこにも人の姿は見えません。高台にある菅野家の母屋の脇には、唯一の生気を発する玉ねぎの畑が作られていました。緑の芽はひょろりと、か細いままでしたが。

「避難指示が解除になってから初めて植えた。時期的には玉ねぎしか作物がなく、10月末からひと月の間に植えたが、だいぶ遅く、冬越しがうまくいくかどうか」。義人さんは篤農家らしからぬ、自信なげな口調でした。「比曽では他地区よりも農地の除染作業が1年遅れた上、地力回復工事が始まったのが、避難指示解除をずっと過ぎた7月末だった」。実際に義人さんの農地で工事が行われたのは9月末。それも牧草地だけで、水田はいまだ撤去時期不明の仮置き場の下にあります。「標高が高い比曽では秋の霜が早く、農繁期を逃す。役所仕様の地力回復など当てにできず、一から土作りをしなくてはならぬ手間暇を考えると、丸1年が無になった。あるのは、この頼りない玉ねぎだけだ。何が避難指示解除なのか」

　農業とは無縁に育ったと思われる土木作業員の工事に立ち会うたび、落胆や憤りを味わったといいます。「彼らは土をうなう（土を掘り起こして耕す）方法も分からない。ただトラクターにロータリー（土を耕起する機具）を付けて、四角い農地を丸く回り、早くかき回そうと動くだけ。までい（丁寧）にきめ細かく、土を砕かなくてはいけないのに」。17年の夏は長雨と異常な低温が続き、9月になっても雨がやまず、農地の地下排水管も重機の重みで壊れ、至る所に水たまり、ぬかるみが広がりました。「工期があるからか、作業員らは水たまりを平気でうない、『どろどろにぬかるだけだ。やってもだめ』と注意しても聞かない。案の定、長靴が脱げるほどぐちゃぐちゃな畑に玉ねぎを植えざるを得なかった」

除染後、自宅前の畑に初めて植えた玉ねぎ＝2017年12月1日

　地力回復工事を巡る環境省

の出先、福島環境再生事務所からの比曽行政区への事前の申し合わせも、たびたびうやむやにされたといいます。例えば「工事が終わった農地から順に白い旗を立てて、持ち主に知らせて引き渡す」との約束がありましたが、義人さんの農地に現場の工事業者が白旗を立てたのは、20アールの畑1カ所だけ。「牧草地に復旧する予定の別の農地には、牧草の種がまかれることになっていたが、実際にはまかれなかった」。おかしいと思って、「いつになるのか」と問い合わせたところ、「調べてみます」という先方のその後の回答は「そこは牧草地じゃなくて『田んぼ』となっていた」。義人さんは「地目登録台帳にも牧草地と記している。誰がそんな判断をしたのか」と再度ただすと、先方の返事は「判断した人間はもうここにいません」だった。そこで業を煮やし、「もう自分にやらせてもらいたい。あなた方のミスの補完工事をやるのだから、その経費はお願いしたい」と義人さんは伝えましたが、返事はないいままだったそうです。

無数の大石との格闘

もう一つの予期せぬ難儀が、「石」との格闘でした。牧草地は長年深耕した水田と違い、表土をはぎ取られると、浅い土壌がむき出しになります。そこに露出するのが、地元の土壌の特徴である無数の花こう岩。「先祖以来、比曽で農地を開拓する者の宿命は石との闘いだった」と義人さん。除染後に新たな牧草地を開こうとすれば、大小の石を取り除かねばならず、当然ながら重労働になります。比曽行政区への事前の説明会で現地担当者は「除染の機械に当たった石については、人を配置して、すぐ確実に除去する」と約束した、と義人さんは振り返ります。「だが、結局、石はそのままにされ

除染後の農地で露出した石を掘り出した義人さん＝2017年8月（義人さん提供）

た。現場の業者は『表面に顔を出した石は取れない』と言った。話が違うぞと怒ったが、らちが明かず、自分のバックホー（小型のショベルカー）を使って、一つ一つ掘り出すしかなかった。そこでも1カ月、予定外の手間暇が掛かった」。中には、体よりも大きな巨石もありました。後になって当時の担当者から義人さんに電話があり、最初の説明について「申し訳ない。できないことを言ってしまった。勘弁してほしいと一方的に謝られた」。義人さんが掘り出した無数の石は、撤去の当てもなく、数えきれぬ徒労を証言するモニュメントのように積み重ねられています。

「あぜんとした。その場その場を取り繕うような対応を重ねて、誰も地元に責任を取らない。おそらく記録にも残していないだろう。後に残るのは『除染をして避難指

積雪がたちまち凍結路になる比曽への道＝2017年12月10日、飯舘村

示を解除し、農地再生を支援し、被災地の住民の帰還を後押しする事業をした』という政府の言い分だけ。そんなやり方で幕引きをされ、後は自分だけで生きろ、と言われているようなものだ」

冬の除雪も自力覚悟

12月10日、仙台から常磐道を南下し、相馬市経由で国道115号を走りました。よく晴れた冬の朝でしたが、峠を越えた飯舘村にはうっすらとした雪景色があり、標高の高い比曽に通じる山あいの道は真っ白に。恐ろしいほどの凍結路が延々と続き、対向車も沿道の人影もほとんどなく、スリップ事故を起こしても助けはありません。同じ浜通り地方でも、阿武隈《あぶくま》山地の村は冬の厳しさが違うのです。「毎年師走の初めは穏やかだが、今年は雪が早い。けさも氷点下5度くらいになった」と義人さん。「これからの雪がどうなるか」

原発事故前の飯舘村では、住民が積雪や凍結路

原発事故前、春の用水路の点検に集った比曽の人々。共同作業が暮らしを支えた（義人さん提供）

に慣れ、村の除雪も「深さ15センチ」を基準に、委託業者が手早く片付けていました。比曽の小盆地には県道と村道が南北に通り、雪の日はスクールバスが走る前の早朝に、2つの土木業者が手分けをして除雪を済ませていました。しかし、避難指示解除後も村の小中学校は再開せず、比曽に子どものいる家族の帰還もなく、「先月、除雪を請け負う業者がうちに来て、『この冬は比曽と、隣接する長泥（帰還困難区域）、蕨平の3地区の除雪を1人（1台）でやらなくてはならない』と話していった」と義人さんは嘆息しました。「人がいないから予算も体制も減らすのではなく、帰還者が暮らせる環境をしっかり支えてくれるのが政府や村の役目ではないのか」

避難指示解除から9カ月たった17年12月1日現在の飯舘村の居住人口は、まだ579人（登録人口5906人で帰還率9・8％）。復興の掛け声とは裏腹に、急激な過疎に見舞われたのも同然の現実しかなくなる――それが被災地の残酷な現実です。地域の暮らしの支援はまさに村の仕事ですが、原発事故前の5倍以上にも村の財政規模を膨らませた復興予算の大半は、使途を決められた政府の支援メニューです。このまま居住人口の激減状態が恒常化し、税収も政府の支援もなくなる日には、村の自立どころか、自治体としての体もなさなくなるのでは、という懸念さえあります。「雪が多い時には、もう業者を待っていられない。わが家の周りだけでなく、県道に通じる道も自力でやるしかない」。義人さんの悲壮な覚悟には「開拓者」の苦闘に重ねての切実な理由がありました。

予期せぬ妻の発病

義人さんと妻久子さんの3人の子どもたちは比曽を離れて暮らしています。農業後継者である長男義樹さん（39）は、飯舘村の支援を得て避難先の北海道栗山町で和牛繁殖を再開し、家族と共に将来の帰還を志します。自宅の母屋の改築工事がほぼ終わった16年9月、ほとんど改築されていた比曽の自宅に子どもたち、孫たちが集まりました。義樹さんとお嫁さんも北海道で育てる2人の孫と一緒に帰省し、除染作業で風景が変わったとはいえ、古里の姿を見せてくれました。菅野さん夫婦は、ようやく一家団らんのバーベキューを楽しみました。でも、記念写真に写った久子さんの表情は硬く、高齢者が使う手押し車につかまっています。

久子さんは二本松市の避難先で元気に野菜を作っていましたが、15年1月下旬、突然の脳出血で倒れ、治療とリハビリのため半年の入院を強いられました。それから退院して間もない9月下旬、今度は家の中で転んで足の骨を折り、再び入院してリハビリの日々を年末まで送りました。最初に倒れる直前まで、義人さんと久子さんは比曽の自宅に忙しく通っていました。「母屋の改築は終わっていたが、納屋の解体工事が遅れた。村のあちこちで家の解体があり、大工さんが現場を掛け持ちして慌ただしかった。それで寒い中、家財道具などの運び出しに長々と煩わされた。あれが体にこたえたのかな」と義人さん。それだけではなかったのでしょう。「避難先では近所の人たちから温かく受け入れてもらえ、良かったと思うが、経験したことのない長い避難生活のストレスは確実にあっただろう」

ヘルパー確保も難しく

病院でのリハビリを終えた後も、久子さんは懸命に歩く訓練を重ね、避難指示解除を前に免許更新の時期が迫った車の運転を諦めるというつらい決断もしました。隣人もまばらな地域にぽつんと孤立したような生活環境で、車は必須の便だからです。手などに若干の後遺症もあり、退院後は二本松市内の避難先に通いの介助ヘルパーを頼んでいましたが、帰還が近づくと、思わぬ問題が持ち上がりました。全住民の避難が6年続き、無人となった飯舘村は福祉サービスの空白地帯になり、避難指示が解除されても大勢の帰還が見込めない村に介助・介護のヘルパーを派遣する意向の福祉事業所は皆無でした。帰還希望者の大半が60代以上という実情もあり、不安解消のために村は近隣市町の事業所と必死で交渉し、村費から「出張費」を出すことで、帰還者が変わらずサービスを受けられるよう話をつけました。久子さんはそれまで利用した川俣町の介助ヘルパーの派遣を断られましたが、新たに伊達市の福祉サービス業者と契約でき、比曽の自宅に通ってもらえるようになりました。

介助ヘルパーの確保は、それでもまだ解決していません。「問題はむしろ、これからの冬だ」と義人さん。帰還者が地区の86戸のうち4戸の比曽では、前述のように村の除雪態勢が最低限に削られ、隣接の長泥地区（帰還困難区域）、蕨平地区と併せ、たった1台の除雪車しか動かないことになりました。伊達市につながる県道が雪でふさがれば、毎週の月曜と木曜に通ってくる久子さんの介助ヘルパーも来られません。それだけでなく、村内には毎日の食料を買う場もなく、夫婦は毎週水曜の生協の食材配達に頼っています。全住民が避難中の14年冬、村に積雪1メートルのドカ雪があり、除雪が追いつかず、中心部から離れた比曽は1週間も孤立しました。「冷え込むと氷点下10度にもなる比曽では雪が春まで解けない。根雪になって積もる前にトラクターで道を確保しなくては。自宅のそばの村道だけでなく、県道もできる限り自力でやるしかない。原発事故前はそんな時、地区の仲間たちが雪道にトラクターを出し、競って片付けたものだ。が、今は助け合える隣人もほとんどいない。万が一、たった1人で事故を起こせば命にも関わる。それでも、できることをやらねば」

「日常」あまりに遠く

義人さんが語る避難指示解除後の村の暮らしはこんなふうです。宅配便はヤマト運輸、日本郵便（ゆうパック）が再開されましたが、不便に日々気付くといいます。「水道の蛇口の接続部分の器具が必要になり、ネットで探して注文したのだが、『あなたの地域には配達できません。福島市か南相馬市の営業所に取りに来てください』と返事があった。理由を問うと、『人がいない地域なので』『会社として決まっているので』と言う。飯舘村は一番経済効率の悪い地域のレッテルを貼られたようだ」。郵便は比曽の自宅に配達されますが、集配の場は地元になく、車を20分ほど走らせて村役場のポストに出しに行かねばなりません。

食料品は生協にまとめて注文し、宅配を週1回受けていると先に紹介しました。村を東西に貫く県道原町川俣線沿いのかつての中心部、草野地区には商店街や食料品のスーパーなどがありましたが、原発事故以後はシャッターが下り、スーパーは閉店。「村は復興策の一環として草野地区のスーパー跡地に公設の商業施設を設け、地元からテナント業者を募ろうと計画した。だが、どの業者も『採算が合わず維持できない』と手を挙げず、頓挫した」。村はまた政府の復興加速化交付金など約14億円を投じて8月、県道沿いに道の駅「までい館」をオープンさせましたが、コンビニ、農産品販売や軽食がメーン。筆者も何度か立ち寄りましたが、通行客や現場作業をしている人の利用が目立ち、村民の日常の買い物の場ではありません。

前回11月13日に義人さん宅を訪ねた際には、台所から和やかな会話や笑い声が聞こえました。久子さんの親しい友人や身内の女性が、激励を兼ねて車で集まってくれるといいます。でも、誰も村に帰還してはいません。比曽にあった家を解体し、村外に新築した人もいるそうです。「にぎやかにしてくれるが、この寒い不便な土地に帰ってきてどうするの?という雰囲気も感じてしまう」と義人さんは漏らします。「地区の住民の集まりに行っても、『戻って何をしようか』という話はなく、『もう戻らない』『だから戻りたくない』という人ばかり。『避難して村を離れた今が幸せ』という話をされるたび、私だけでなく、きっと女房も内心で葛藤に悩んできたはず。帰還という生き方を信じているが、逃げ場のない課題を突きつけられるようで」。そして、そのことも「女房には負担を感じることだったかもしれない」。

夫婦で夢見る未来

「また2人で始めよう」。義人さんと久子さんは避難先で「帰還」という未来へ、そう語り合ってきました。2人であることが、どんな困難も乗りこえて生きる力になってきました。出会ったのは、お互いに20歳の時。久子さんは、同じ浜通り地方でも飯舘村から遠く、温暖な楢葉《ならは》町の農家の娘でした。福島県が主催した「新・有権者の集い」という若者の交流研修イベントで偶然一緒になり、恋に落ちた——。久子さんは家を継ぐ立場にあり、「なんで飯舘なんかに嫁に行きたいのか？」と言われたそうです。義人さんは「中学生のころ、飯舘は『福島のチベット』という新聞記事も出た」と苦笑します。「飯舘の子どもたちは貧乏で長靴を買ってもらえず、雨が降ると、はだしで学校に行く」という記事があったとも記憶しています。

「飯舘の農家たちが『畜産の村にしよう』と力を尽くしたのも、貧しさを生んだ冷害常襲地の歴史を変えようという思いが、みんなにあったからだ」。義人さんはそんな若手農家が集い、和牛繁殖に取り組んだ「肉用牛多頭化部会」（後に和牛改良部会）の中心になり、21歳で2代目部会長に推されました。「若い連中にやらせてみよう、という気概が先輩たちにもあった」と振り返ります。生き物を飼う畜産農家の暮らしは朝早く始まり、休日もなしでしたが、久子さんは結婚と同時にそんな新生活に飛び込み、若い夫婦は二人三脚の同志になりました。

「比曽の支部もあり、仲間とスライドなどの資料を作って勉強会をし、議論をし、部会全体の催しや牛肉のＰＲイベントも企画した。牛のお産と重なったりすると大変な忙しさだった。それは女房も

改築された比曽の家で義人さん、久子さん夫婦（中央）を囲んだ子どもたちと家族＝2017年9月（義人さん提供）

同じ。長男が生まれ、自分は風呂に入れる役目だったが、自分が招集する会議が夜にあり、そちらに急いで出掛けようとすると、『わが子の世話が大切なのに、どうして集まりが優先なの？』と怒られた。でも、どこかの牛が難産だと聞けば、どんな夜中であろうと大勢の仲間が手伝いに集まった。自分1人でなく、どうすればみんなが一緒に良くなれるのかを常に考え、人のつながりを通してそれが分かった。昔、知らない大人から、いきなり『義人、ここは1人で生きる所じゃない。みんなで生きる所だ。それを忘れるな』と教えられた。誰もそれを言えなくなった今の状況が、村の本当の危機なのだ」

久子さんは、避難指示解除からわずか3カ月余りの8月末、がんと闘いながら村に帰還して亡くなった知人の佐野ハツノさん＝享年（68）・「望郷と闘病、帰還　そして逝った女性の6年半」の章参照＝を自らの経験に重ね、「この原発事故と避難生活で苦しまなかった人なんて1人もいなかった。『帰りたい』という思いの半ばで倒れた人も数知れないはず」と語りました。義人さんは、北海道に避難した長男義樹さんら農業後継者たちが村を離れて、自分の若いころのような経験をさせてやれないことが残念だといいます。

「私たち夫婦も、孫の面倒を見られない寂しさはある。が、長男夫婦も見ず知らずの土地で苦労して人に交わり、教えられているのだろう。私たちは65歳だが、できるだけ頑張って丈夫に生き、衰えた農地を何年掛かっても回復させて次代に渡したい。途切れた人の絆をつなぎ直せるように。それが役目になった」

被災地の心のケアの現場で聞いた「東北で良かった」発言

2017年4月　相馬市

「ニュースで聞いた時はあまりにもばかばかしく、誰が聞いてもおかしいと思った。震災が東京以外で良かったという発想。復興大臣としてとんでもない暴言だとは小学生でも分かる。あきれ果てたが、診察室で患者さんたちと話をしていたら、怒りとか、笑い飛ばすとかでは済まないものがある、と気づき、心に穴が開いたみたいに落ち込んだ」

東京電力福島第1原発から北に約45キロ。福島県相馬市に、被災者の心のケア支援の場として2012年1月、同県内を中心に精神医療者有志が開設した「メンタルクリニックなごみ」がありま す。翌13年春から2代目院長となった蟻塚亮二医師（70）は、17年4月25日に報じられた今村雅弘前復興相の自民党二階派のパーティーでの発言について、こう語りました。蟻塚さんは着任後、相馬地方など原発事故被災地の住民約2000人を診療した経験を16年6月、『3・11と心の災害――福島にみるストレス症候群』（大月書店）にまとめて刊行し、筆者は「被災者いまだ癒えず」という河北新報の連載で紹介させてもらいました。以来、取材を重ねてきた人です。

「東北は熊襲」以来の差別発言

今村前復興相の発言は、東日本大震災で社会資本の損失が25兆円に上ったという推計の数字を挙げながら、「これがまだ東北で、あっちの方で良かった。首都圏に近かったりするともっと甚大な被害があった」という内容でした。本人が気にした様子はありませんでしたが、安倍晋三首相は同じ席上の挨拶で「極めて不適切な発言があった」と問題視し、その晩のうちに事実上の更迭に処しました。

「震災で犠牲となった約2万人に対する冒瀆だ」「東北の人は不快な思いをしている」「被災者が先の見えない切実な思いを抱えているのに人ごとのよう」「被災地ではいまだ立ち上がれない人がたくさんいる。大臣からは温かい言葉を聞きたいのに」「差別や偏見を助長しかねない」

翌26日以後、河北新報に載った東北各地の反響のごく一部です。筆者の周囲では「ここまで東北を馬鹿にし、差別したのは『東北は熊襲《くまそ》』発言以来」という声が何人からも聞かれました。首都移転論議が高まった1988年、関西経済人の代表だった佐治敬三サントリー社長が「仙台遷都などアホなこと」「東北は熊襲の産地。文化程度も極めて低い」とテレビで発言し、東北中に怒りの声と同社の不買運動が広がりました（東北の先祖は熊襲ではなく、蝦夷《えみし》という事実の誤認もありました）。

「実によく頑張って生きてきたね。自分をほめてあげてください。毎年3月11日が近づくと、来院する患者さんたちにこう言っているんだ」。蟻塚さんは診察室の机で語りました。「震災、原発事故があってから、言葉で表現できないくらい大変な経験をした人たちだ。3月11日を心穏やかに迎えられるはずもないが」

今村前復興相の発言から明くる日の「なごみ」での会話を振り返ってもらいました。

「診察室に来る患者さんたちに、私が話題を振った。『いろんなことあったね。北朝鮮のミサイル問題だし、復興大臣だし。どう思う?』って。そういう話題を振りながら、診察室と社会をつないであげるんだ。みんな、『馬鹿にするな』と怒っていた。それは当たり前だ。でも、『先生の顔つきが変わっている』と逆に言われた」

「メンタルクリニックなごみ」診察室の蟻塚亮二医師
=2017年3月8日、相馬市

冒頭で語られた、心に穴が開いた感覚が何なのか、蟻塚さんは診察を終えて車を運転していた時に意味が分かったといいます。

「あの復興大臣はすべてを否定した。東北の震災で犠牲になったり、家や古里を失ったり、心に傷を負った人たちを。この診療所で4年やっていた私のように被災地の医療に携わってきた者や、現場に足を運んで伝えてきた地元紙のあなた方がやってきたことも、何の意味も為さなかったんだ、と」

フラッシュバック

「あの震災や原発事故以来、夜に眠れない、体に原因の分からない痛みが出た、突然パニック反応が起きるようになった、気持ちが落ちて苦しい、死んだ人の姿や声を見聞きする——といった症状を多くの被災者が抱えている。診察室ではまず、心の中には触れないで安心して話せる関係をつくってきた」

蟻塚さんが診察室で聞いた症状はさまざまです。夜中の2時、3時、4時と何度も目が覚めて眠れない「過覚醒不眠」もそう。

「患者さんたちは、6年前の3月11日の大地震と津波、原発事故からの避難のために恐怖のどん底に置かれ、寒さと空腹の中で余震に襲われて眠れなかった体験があった」

ある若い男性は「なごみ」に通院してから過覚醒不眠が改善したので、気持ちを一新しようと北海道を旅行しました。「星空を見る会」に参加した夜、あまりに鮮やかな満天の星に突然、訳も分からず気が動転し卒倒しそうになりました。

「あの3月11日の夜は、恐ろしいほどに美しい星空だったそうだ。北海道の澄んだ星空を見て、戦慄とともに記憶がフラッシュバック（突然、鮮明に思い出す）したと言うんだ」

「夜が怖いと訴えた女性の患者さんも何人もいる。夜中にトイレに起きると、強い動悸や恐怖感に襲われる、と」

蟻塚さんは、それらの原因を「トラウマ（心的外傷）記憶」と診断しました。あまりに強烈で心に激しいストレスを強いる体験は、脳内の意識下に刻み込まれ、似たような場面、状況に遭遇すると不意に呼び起こされる症状をいいます。

「過去のつらい出来事の記憶が、忘れたと思っていても現在進行形のまま何年、何十年でも心の底で熾火《おきび》のように熱く燃えていて、ある日、いきなり『今の私』に飛び込んでくる」

沖縄戦でも起きた「遅発性ＰＴＳＤ」

トラウマ記憶が原因となって不眠やうつなどに苦しむ心の病が「心的外傷後ストレス障害（ＰＴＳＤ）」。ベトナム戦争の復員兵の発症多発が知られています。原因となった出来事から半年以内に発症しやすいといわれますが、「震災、原発事故から2年ほどを過ぎて症状が現れた被災者が多いことに気付いた」。蟻塚さんは「遅発性ＰＴＳＤ」と呼び、前掲書『3・11と心の災害』で報告しました。

「前任地だった沖縄での診療経験が福島の被災地で生きた」と言います。福井県出身の蟻塚さんは弘前大医学部を卒業後、青森県弘前市の病院長を経て04年から9年間、沖縄県の病院に勤務しました。「1945年の沖縄戦での凄惨な記憶が原因となり、ＰＴＳＤにいまも苦しむ人たちの症状が、『なごみ』の診察室で出会った被災者たちの話に驚くほど重なった」

沖縄で診た患者に酪農家の男性がいました。戦災後の厳しい時代を生き抜いて築いた家業を息子に譲り、悠々自適の暮らしを考えた途端、60年以上前に体験した沖縄戦で「はらわたを出して死んだ妹や、日本兵に斬殺された住民の姿が生々しく頭に浮かんできた」と訴えたといいます。

ある高齢女性は、本土で離れて働いていた息子に急死された後、不眠、うつに襲われ、原因不明の車いす生活になりました。夜には沖縄戦の戦場を逃げ回った時に見たおびただしい数の遺体の臭いや、幻視幻聴に悩まされたといいます。

「いずれの患者さんも、戦後の沖縄で懸命に生きてきた人々に突然ぶり返した、戦争体験の心の傷だった」と蟻塚さん。遅発性のPTSDがあると知ったのも沖縄でした（2014年の蟻塚さんの著書『沖縄戦と心の傷——トラウマ診療の現場から』（大月書店）に詳しい）。「自分の後ろに『地獄』を背負っていない沖縄の年配者はいない。傷の痛みを抱えていても、そこで後ろを向いたら心が死んでしまう。そうして戦後を走ってきた、と話す建設会社や自動車整備工場の社長さんもいた。前を向いて生きなくてはならなかったんだ」

同じような訴えを、原発事故で避難した南相馬市の女性から聞いたそうです。太平洋戦争末期の45年8月9、10日、市内に当時あった原町陸軍飛行場が米軍機の空襲を受けました。女性は機銃掃射の中を父親に背負われて生き延びた人でした。その時の生々しい恐怖の感情が、原発事故からの避難の最中によみがえったのです。16年4月には熊本地震が起きましたが、テレビ中継などで被災地の様子を見て体調を崩した患者が多く、難民のような思いをさせる避難所に入れるのはもうやめて、と訴える人もいました。

「被災者は原発事故で何カ所もあてどなく遠方に避難させられた末、狭い仮設住宅で何年間も我慢を重ねた。『みんな同じ境遇だから』と気持ちを張っている間は、トラウマの記憶は心の底に沈んでいるが、親しい身内やかわいがったペットの死、張り詰めた気持ちが途切れた刹那、同じような状況のつらい体験などを引き金に、それが表面に浮かんでくる。もちろん、原発事故にまつわるニュースが流れ続けるたびに」と蟻塚さんは話します。沖縄の人たちは戦後の60余年、背負い続けてきた。福島の人たちは果たして……」

存在を「全否定」した暴言

他者から自己を全否定された人は「自分が悪いんだ」と思うようになるといい、親からネグレクト（育児放棄）などの虐待を受けた子ども、自死に追い詰められた人も同様の思いになりがちだと聞きます。「私が復興大臣の発言を聞いた後、自分が何か悪いことでもしたように、『ごめんなさい』と頭を下げて歩きたい気持ちに襲われた。自分を否定された人はそんな罪の意識を持つようになることがある、と自分の経験で分かった」

蟻塚さんは16年の夏、南相馬市に避難中だった福島県飯舘《いいたて》村の30人ほどの住民から呼ばれた講演会での光景を語りました。

「質問が活発に出た集いだった。終わってから飯舘の人たちは、借りた会場の床をガムテープをちぎってペタペタときれいに掃除し始めた。髪の毛1本でも残してはいけないと思ったのか。『ああ、この人たちはこんなに肩身を狭くして異郷に生きているのか』と感じた。よその街の人から後ろ指をさされたくない、迷惑を掛けたくない、という思いか。やはり心に傷口が開いて、避難させられた側なのに罪悪感を背負っているのか。そんな人たちが復興大臣の暴言を聞いて、原発事故後の人生を全はならない」

否定されたような気持ちになれば、きっと耐えられないだろう。自死の危険にさえ思いをはせなくて

「人間にとって『土地』とは存在証明だ」と蟻塚さんは言います。生きることと「土地」は一体のものだから、と。それが「古里」であるなら、強制的な力で土地から切り離されたら、人間はどうなるのでしょう。そこに、原発事故で帰るべき土地を遠く離れて生きざるを得ない避難者と、歴史上の戦争に追われた旧満州、沖縄などの故郷喪失者の「難民」体験がつながって見えてきます。「仮に、帰る土地と生計の手段を失い、いわれのない差別を受け、国からは見放され、健康不安を持っている人々――と難民を定義すれば、原発事故の避難者、被災者は十分に該当する」という蟻塚さんの著書「3・11と心の災害」の一節を紹介します。

『ときに県外に避難して生活する人にとって、「福島」という言葉は自分が否定されるときの口実となった。すると「フクシマ」という言葉はスティグマとなって人々を刺す。「フクシマだから」というスティグマに直撃された当人たちは、まるで自分たちが悪いことでもしたかのように沈黙するか、避難者であることを隠して生きる』

『こういう体験を避難先で何度か繰り返してこられた方たちのなかには、「他人に近づいて親しくしてもいいのだろうか」と不安になったり、「他人に相談したり、頼ったり、依存したり」することが罪悪であるように感じたり、さらにすすむと自分はいつも迷惑をかけて生きていると確信したりする人が増えてくる。相手と親しくなることは、いつ裏切られて否定されるか分からないことな

ので、とても怖い』

蟻塚さんが出会った飯舘村の人たちの行動も、文中の言葉を「ときに南相馬に避難して生活する人にとって、『飯舘村』という言葉は――」と置き換えてみると分かるかもしれません。そんな思いを常に抱えている人々に、今村前復興相の発言はどう響いたのでしょう。

「怒るというよりも、否定された気持ちなんだ。人を死なせるかもしれないほどの衝撃だった。当人の、あるいは彼が忠実な一員である政府の本音だったろう。だから、診察室の患者さんとの話題も真剣には突き詰めず、深い話に入っていかなかった。怒りに耐えるだけの健康さ、いまの生活への肯定感を持っている人なら、回復する力を持っているけれど」

「原発事故の後、南相馬市から中通り地方に避難している人が、『政府が前のめりになっている原発再稼働のニュースを聞くと、いったい自分が家族とこうして避難しているのは何のためなのか、その年月は何のためだったのか、と自分自身がガラガラと崩れる』と話していた。原発事故に対して政府も東京電力も責任を取っておらず、被災地の人たちに心からの謝罪もしておらず、当事者にはごまかしとも思える言動を重ねてきた。被災者たちの心の傷口はいつまでも癒やされることなく開いたまま、血は流れっぱなしなのに、さらに傷を広げられてきた」

繰り返された暴言

「東北で良かった」発言に先立つ3月20日の河北新報の投書欄「声の交差点」に、自主避難者である福島市の主婦の投稿が載りました。一部を紹介します。

『先日は今村雅弘復興相が記者会見で、東京電力福島第1原発事故により自主避難した人たちに関して「どうするかは本人の責任」と発言した上、激高して会見を打ち切るという醜態を見せた。この人は、自主避難の本質を分かっているのか？　自分の職務について勉強したのか？　過去には、幼い子どもへの放射能の影響を心配して避難しているわれわれを、科学的に無知な人間呼ばわりした女性大臣もいた。われわれ被害者（被災者ではない）は、過酷な避難生活を強いられ、相次ぐ政治家の無神経な言動に傷ついてきた』

自主避難者は、政府が高い放射線量を理由に避難指示をした区域の外から、自らの判断で安全を求めて故郷を離れた人々。子どもを抱えて家族と二重生活をしてきた世帯も多く、負担を支えたのが福島県の住宅無償提供（家賃全額補助。災害救助法で国が経費を手当て）の支援でした。同県浪江《なみえ》町、飯舘村などの避難指示解除と時を合わせて3月末で同県が支援を打ち切り、避難先からの帰還を促しました。県外の自主避難者の8割はなお「継続」を望んでいながら。

3月12日にあったNHK「日曜討論」は、「震災6年〝未来〟をどう描く」をテーマに、今村前復興相と東北の被災地3県の知事らが意見を交わしました。この中で今村前復興相は、「（自主避難者が）帰れない理由を考えて。廃炉まで何十年もかかり、再事故の可能性も否定できない。時間をかけて戻れる人から順々に戻れるような長期支援が必要」という首都大学東京の研究者の意見を一蹴し、「古里を捨てるのは簡単ですよ」との発言で切り捨てました。「だけど、そうじゃなくて戻ってね、がんばっていくんだという気持ちをしっかり持ってもらいたい」「そのためのいろんな施策は、新しい産業を持ってくるとか、イノベーション・コースト等々、我々もやっていきますから」と続けました。

4月4日にあった記者会見では、この投書のように自主避難者に対する政府の責任を記者の1人から追及されて激高。「(避難者)本人の責任だ」「裁判でもやればいい」と2度目の暴言を放ち、謝罪に追い込まれました。テレビで自信満々に例示したイノベーション・コースト(福島・国際研究産業都市)とは、福島第1原発周辺の自治体に廃炉技術やロボット技術の研究開発の産業を集積するという、経済産業省主導の事業構想です。被災地の住民が失ったコミュニティーや文化の再生とはかけ離れた世界で、避難先で原発再稼働にも心を痛める人々に「今度は廃炉で食べて」と言うに等しい提案が、どんな励ましになると思ったのでしょうか。

前掲の投書はこう続いていました。

『6年余りたった今、今度はわれわれの意向はお構いなしに、加害者が勝手な日程に沿って「帰れ、帰れ」と言う。なぜ加害者から指図されなければならないのか。こんな理不尽な仕打ちが許されるのか。居住可能とされている地域でも、東日本大震災前や他地域と比べ5倍から20倍もの放射線量が測定されている場所がある。こんな所に幼児を住まわせて、本当に絶対に大丈夫なのか。子どもの健康や命に関しては、「絶対」でなければいけないと私は思う。もし何十年後かに子どもに健康被害が起きたら、誰が責任を取るのか。こんな復興相のいる国を、信じることはできない』

「復興」「寄り添う」「がんばろう」

日本災害復興学会が16年3月に出した学会誌『復興』15号に、筆者は「被災地で聞かれぬ言葉、当事者の言葉」という小論を寄稿しました。世間で言いはやされるけれど、被災地の当事者は決して語らない言葉を取り上げた内容で、その最たる言葉が、現実とは真逆の「復興」でした。さらに加えるなら、同じく政治の側が都合よく使ってきた「寄り添う」。もう1つ挙げれば「がんばろう」。今村前復興相の「がんばっていくんだ、という気持ちをしっかり持ってもらいたい」という誰にも届かない、上からの目線の「檄」がそうでした。

蟻塚さんは「震災をきっかけにして、応援キャンペーンのように使われた『がんばろう』で励まされた人も、全国にはいるだろう。だが、『がんばろう』と訴えることは、つまりは当事者の『悲哀』を見ないことだ。悲しむ人が陰に隠されて見えなくなる」と言います。「本当に大事なことは、悲しいことを悲しい、と悲しむこと。6年たったいまも、東北の人たちが失ったものを心の底から悲しんでいる時、遠くにいて傷ついてもいないエリートの今村大臣が『がんばっていくんだ』と言い、『古里を捨てるのは簡単』と言い、『東北で良かった』と言った。被災地の人たちには、天と地ほどの絶望的な落差だったろう」

それは被災地と東京中心の政治の遠ざかった距離であり、順送りポストになり大臣が視察の時だけネクタイで出張してくる復興大臣の軽さであり、「被災地に寄り添う」と口で繰り返しながら不祥事で辞職した復興大臣、政務官の顔ぶれの情けなさ、空々しさであり——。

蟻塚さんは言う。「津波や原発事故の苦難を体験し、古里の家や身内を失い、近しい人と離れ、仮設住宅や異郷で暮らす人たちは、抱えた悲しみを語れずにいる。傷口はいつまでも開いたままだ」＝福島市内の仮設住宅

筆者のそうした感想に対して、蟻塚さんは「そうかもしれないが、『がんばろう』と強者の立場で言った復興大臣は、現在の日本のマジョリティーの一角だと思う。震災を契機に、『がんばろう日本』の気運をさまざまな政治戦略の『危機克服』に盛り上げて高い支持を得たのが安倍政権だ。その目に見える目標として掲げたのが20年東京オリンピックではないか」。東京オリンピックも、筆者が歩く被災地では耳にしたことのない別世界の言葉です（安倍首相はさらに、東京オリンピック開催年を「日本人の大きな目標だ。新しく生まれかわった日本がしっかり動き出す年だ」と自賛し、改憲の目標まで掲げました）。

その招致のため、福島の人々を終わりのない風評で苦しめ、東電の情報隠ぺい

で憤らせてきた第1原発の汚染水問題を、安倍晋三首相は「アンダーコントロール（完全に制御されている）」という一言（13年9月の国際オリンピック委員会総会での五輪招致演説）で切り捨てました。今村前復興相もまた、政権の「がんばろう」イズムに疑問を投げかけ、終わらない悲哀を訴える東北の被災地の人々の存在を3度の暴言で切り捨てようとした点で、その忠実なスタッフと言えました。16年11月、福島県から横浜市に自主避難した中学1年の男子生徒が転校先でいじめを受けた問題で、今村前復興相は参院東日本大震災復興特別委員会でこう述べていました。「大変な憤りを感じる。被災者に寄り添うという言葉を、もう一度かみしめなくてはならない」（同月19日の河北新報より）。「寄り添う」とは本当はどんな行為なのでしょうか。被災地ではこうです。

『「自分の思いをしゃべっていいんだ、悲しみに向き合って悲しんでいいんだ、という場があることで傷は癒やされる。診療所だけでなくどこでも、被災した人々の周りに『語るあなたと聴く私』という関係をこれから育てることが大事だ」

苦しみを乗り越えて生きてきた時間が肯定され、それだけで「すごいことを成し遂げた勝者」と尊敬を込めて認められることで、過去と「いま」の溝は少しずつ埋められていくという。

「『あんた、きょうはいい顔をしてるね』。こう声を掛けると、通院してきた人の顔がぱっと明るくなる。いまを生きようとする力を取り戻す時、誰でも自ら回復への道を歩み出せる」』（同年9月11日の河北新報連載『被災者いまだ癒えず／精神科医・蟻塚亮二が診た心の傷』㊦より）

風評に抗い「汚染水」と闘って逝った漁協組合長が残した宿題

2017年5月　相馬市

東京電力福島第1原発事故から6年を過ぎた2017年5月20日、1人の海の男が逝きました。悲願だった福島県の漁業復興へと闘い抜いた佐藤弘行さん（61）。県内で3年続けて漁獲1位となった底引き漁船長から、原発事故の被災地となった相馬・双葉地方の漁協組合長に。海の汚染のため操業自粛を強いられた仲間を先頭に立って引っ張り、再生の希望を懸けた「試験操業」を一歩一歩進めてきました。原発からの度重なる汚染水流出、厳しい風評の問題に苦悩し、がんを抱えて東京電力、政府との交渉に心労を重ねながら。「身体の不調を隠し、余命を測りながら最後の日々を生きた」と周囲の人々は語ります。

「非常時」終わらせる

最後に取材したのは、東日本大震災から7年目を迎えたばかりの17年3月13日朝。「春告魚」であ

試験操業への出航を待つ沖合底引き船＝相馬市松川浦漁港

るコウナゴ（小女子）の試験操業が初日を迎えて、早朝から漁場に出た相馬双葉漁協の小型漁船団が相馬市・松川浦漁港に帰り、体長4、5センチの透明な小魚でいっぱいの箱を続々と水揚げしました。津波で全壊し、16年9月に再建された4800平方メートルの荷さばき場（相馬原釜地方卸売市場）で、初物のコウナゴは地元の仲買業者たちの「競り入札」に掛けられました。大震災、原発事故前から6年ぶりの競りの光景です。威勢の良い掛け合いの復活を、組合長の佐藤さんは笑顔を浮かべて見守りました。

「競りは市場の当たり前の営み。地元の海の魚が競り合いで買われれば、相馬の魚が安全、安心であると消費者にも伝わる。試験操業という形なので水揚げは少ないが、6年間の『非常時』を終わらせ、福島の漁業を正常化させる節目になる。国の復興支援でようやく再建された魚市場をこれから生かしていかねばならない。何よりも漁業者、地元の仲買人たちが活気づくよ。消費者にも見てもらいたい」

試験操業は原発事故後、同漁協が漁獲再開を目指して検討委員会をつくり、福島県水産試験場と協力してのモニタリング捕獲調査で「放射性物質が3回続けて不検出」になった魚種に限り、同県の監督機関の下で「本操業に向けた試験操業」として12年6月に始まりました（いわき市漁協は13年10月から）。初回はミズダコ約400キロ、ヤナギダコミズダコ約60キロ、シライトマキバイ（ツブガイの1種）約200キロという3魚種のほそぼそとした漁。継続的な調査で「安全」を確認できた魚介類を漁獲対象に加えて、現在までに97魚種まで増やしています。「震災前に獲れた魚種のほぼ9割まで回復した」と佐藤さんは語りました。悲願とする本操業へと、漁師たちの

試験操業で水揚げされたコウナゴを見る佐藤前組合長＝2017年3月14日、相馬市松川浦漁港の荷さばき場

思いは募っています。

試験操業で獲れた魚介類は、福島県産の農産物などと同様に厳しい放射性物質検査を経て、県内の鮮魚店やスーパーをはじめ、東京以遠にも出荷されていますが、実情は「試験流通」です。通常の競り入札ではなく、漁協が各地の仲買業者に売り込み、「買ってもらう」ための相対《あいたい》取引を続けてきました。「相馬のカレイ、ヒラメ、カニ」などは本来高値で取引され、贈答品としても買われる全国ブランドでした。が、原発事故後は、品質や安全性よりも「風評」を織り込んだような値付けが消費地の市場で定着し、「県外では福島産というだけで相場より安く買われる」という憤りや諦めが漁師たちにありました。「『非常時』を終わらせ、福島の漁業を正常化させていく」と、佐藤さんが強い決意を競り入札復活に込めた理由です。「俺たちは目の前の試験操業に懸命で、誰も競り入札なんて考えつかなかった。組合長だけが一歩先を見て決断したんだ」。コウナゴ漁を担った原釜小型船主会会長の今野智光さん（58）はこう語りました。「試験操業も、佐藤組合長が先頭に立って漁師たちを引っ張って実現させた。あんにゃ（兄貴）がいなきゃ何も始まらなかった」

実力トップの漁師

今野さんにとって、佐藤さんは年上のいとこ。同じ浜に生まれて家も近く、昔から「あんにゃ（兄貴）」と呼ぶ頼りになる存在でした。漁港の奥に広がる景勝地・松川浦（汽水の潟）の外れに、佐藤さんの弟で沖合底引き船長の幸司さん（58）の家があり、逝去後の新盆が近い8月5日、今野さんと一緒に話をしてもらいました。「昭和62年度　3年連続優勝　宝精丸　相馬原釜漁業協同組合」。金字で

佐藤前組合長を語る弟の幸司さん㊧と今野さん＝2017年8月5日

こう刺しゅうされた紫紺の優勝旗の傍らに、家族が集っています。家の居間に飾ってある大きな写真。宝精丸とは佐藤家が船主の底引き船で、優勝者となった佐藤さんが若々しく誇らしげに、幸司さんら2人の弟や奥さんたち、父親の弘さん（故人）ら両親と並んでいます。弘さんも元漁船長で、旧相馬原釜漁協組合長（03年に近隣の6漁協と合併して相馬双葉漁協に）を3期務めた浜のリーダーでした。

「漁師の長男は船に乗るのが当たり前という時代だった」と今野さんは言いますが、佐藤さんは中学の担任から進学を勧められ、宮古市の宮古海員学校（現国立宮古海上技術短期大学校）に進みました。ところが、たった1年で中退して実家に帰ってきたといいます。「後継者になるという自負が、兄は大きかったのだろう。そのまま16歳で父の船に乗った」と幸司さん。当時の底引き船は10キロほど沖合でアイナメ、メバルなど近海ものを獲りましたが、1980年代から漁船の大型化、装備の機械化が進

「3年連続水揚げ県内1」となった若き日の佐藤さん（後列中央）と家族（中段右端が父弘さん）

んで遠く茨城県沖まで漁場が広がり、魚種もマツバガニや毛ガニ、メヒカリなどが増えて、漁協全体の漁獲高も総額60億円を超えました。

「地元の海の資源量が豊かなことに加えて、相馬の漁師は漁の仕方がうまかった。網1つ取っても、専門業者の商品を買っている他県の浜の漁師たちと違い、経験上の工夫を取り入れて自分で編んだ。船に泊まり込んで仕掛け作りに没頭した」と今野さんは言います。

その旗頭が宝精丸の佐藤さんでした。2年遅れて同じ船に乗った幸司さんは甲板長として兄を助けました。「漁に関して、兄はがむしゃらだった。寝る時間を惜しんで船で1日を過ごし、道具を手作りしていた」という根っからの相馬の漁師。若いころ、大しけに2度も遭いましたが、「他の船が帰港していく中、金華山（石巻市）沖に頑張り続けて網を流していたら、ものすごい強風が吹いて海が真っ白に波立った。それから、網をパラシュートのように広げて漂いながら危機をしのぎ、無事に相馬に帰り着いた。クリスマス台風（80年）では大しけの海上で30時間をしのいだ。肝の太さに加え、それらの経験から兄は先の天気を読む名人になり、危険を避ける勘が誰よりも働いた」。海では船長の判断1つに乗組員の命、家族の行く末が懸かりました。見えない岩礁に網を引っかければ、現場の海底の地形を忘れず、次には巧みに岩礁を避けながら網を引いて大漁をやり遂げたそうです。

「漁師は実力の世界。漁ができない者は相手にされず、言葉も聞いてもらえない。あんにゃはトップの人。とても怖い存在で、笑った顔をめったに見せたことがない。もの言えば、ひっぱたかれるのではないかと思ったほどだが、あれほど責任感の厳しい人はいなかった。だからこそ原発事故のさなか、組合長を引き受けたのだ」。今野さんは振り返りました。

津波で妻を失っても

11年3月11日午後2時46分、大地震が東北の太平洋岸を襲いました。今野さんは、コウナゴ漁を前にした仲間たちと漁船を連ねて全速力で沖に出し、何波にもわたって押し寄せた絶壁のような津波を乗り切りました。佐藤さんは自宅におり、地震後の海の様子を見に外出したといいます。やがて、大津波が相馬の浜にも到達。古い漁師町を一瞬にのみこんだ濁流が佐藤さん宅の1階を貫き、妻けい子さん（51）がいた2階部分を崩落させました。「義姉は地震の後片付けをしながら、兄が戻るのを待っていたのだと思う」。幸司さんの自宅は幸いにも津波の流路を外れて無事。兄と同居していた母親を連れて避難させるのが精いっぱいでした。「兄はよその民家の3階に逃れ、夜に自宅に戻ろうと

東日本大震災の津波で流された相馬の漁師町＝2011年3月25日、同市原釜尾浜

したが、電気が全て消えて真っ暗な上に津波の水が引かず、足止めされた。翌朝一番で、消防士ががれきの中から義姉を見つけてくれた」。佐藤さんは、離れ離れになった妻が「お父さん」と呼ぶ声を3回、確かに聞いたと幸司さんらに語りました。

「漁の技術も、船乗りの腕も日本一」と自負する相馬の漁師たちは、沖出ししようとした漁船の多くが犠牲になった三陸の被災地と対照的に、100隻近くが無事に帰港しました。他に例がないことです。ところが、45キロ南にある福島第1原発の大事故が予期せぬ追い打ちをかけました。原発事故に巻き込まれた浜通り地方にあって相馬市は避難指示を免れましたが、4月11日、東電が爆発した原子炉建屋にたまった高濃度汚染水約1万1500トンを海に放出。福島県漁連（いわき市）へはファクス

1枚の通知をしただけでした。たちまち未曾有の海洋汚染のニュースが世界に流れ、同県内は漁業自粛とされ、放射能汚染をめぐる「風評」もここから始まりました。家を流され、家族も失った漁業者たちは失意のうちに、漁港内外のがれきを漁船で引き揚げる作業を請け負いながら年内を送るほかありませんでした。

津波襲来時、港にとどまった宝精丸は横倒しになりましたが、幸いに復旧され、佐藤さんは幸司さん宅の近くにアパートを借りて再び海に出ました。しかし、憤りとともに周囲の人々に訴えました。「このままでいいのか? 漁師と言えるのか?」「相馬の浜にはこれだけ船が残ったのに、漁をしないままでは、船を離れる人が増えるだけ。若い人たちは、がれきの仕事だけでは希望を失ってしまう」

佐藤さんは当時、漁協理事の1人。汚染水問題と漁の自粛に打ちひしがれた仲間たちに「試験操業」という新しい目標を提案しました。漁協に試験操業検討委員会を立ち上げて自ら委員長となり、いわき市漁協に協働を呼び掛け、「福島県漁連を挙げた取り組みにしよう」と説得に歩きました。「漁協組合員の1人1人が何を始めたらいいのか、分からない時期だった。『1歩でも前に出なきゃだめだ』と俺たちを引っ張ってくれた」と幸司さんは言います。苦境で発揮されたリーダーシップは、父の弘さんから受け継いだものだった、と。

「父は組合長時代、全国で初めてヒラメの放流事業を手掛けた。利益のためでなく、地元の海を末永く生かす資源づくりだった。獲るだけの漁業の先を考えたんだ」「被災する前の漁協本所を建てたのも父の組合長時代だ。地元選出の政治家にも働きかけて事業資金の工面に心を砕いた。震災と原発事故の後の一番難しい時に、兄はそんな後ろ姿を思い起こし、復興へのかじ取りを決意したのだろう。そう思っているんだ」

12年6月の試験操業スタートを前に、準備をすべて整えた佐藤さんは、実力と人望で相馬双葉漁協の組合長に選出されました。福島の海の復興を託される、かつてない重責でした。

「信頼関係はまた崩れた」

『福島第1原発の汚染水海洋流出問題を受け、相馬双葉漁協（相馬市）は9月に予定していた底引き網漁の試験操業を当面延期する方針を決めた。東電が7月22日に放射能汚染水の海への流出を認め、国が流出量を1日300トンと試算するなど、海洋汚染への懸念が拡大しているため。22日の試験操業検討委員会で正式に決める。佐藤弘行組合長は「消費者の懸念が払拭できない状況では当面、漁を見送ったほうがいいと判断した」と述べた』（13年8月10日の河北新報より）

希望を込めた試験操業は、開始から1年で暗礁にぶつかりました。福島第1原発のタンクから漏れた大量の汚染水が海に流出し続けていた――。その事実を長く伏せていた東電は、政府・原子力規制委員会から数値の異常と汚染水漏れの疑いを重ねて指摘され、7月22日になって初めて公表したのでした。その影響で、名古屋市場に出荷したミズダコが門前払い同然の安値を付けられ、翌々日、相馬市内で東電が開いた漁協への説明会では、漁師たちから「風評被害で試験操業が続けられない」「流出を否定していたのに、もはや信用できない」との怒号があふれました。原子炉建屋内の汚染水の急増が原因だったといい、流入する地下水に対策を迫られた東電は、地下水脈から先に未汚染の水をく

汚染水対策を巡る東京電力の説明会に出席した佐藤前組合長（左端）＝2014年3月14日

み上げて海に放出する「地下水バイパス」などの方策を相馬双葉、いわき市の両漁協に提示。同意を求められた漁師たちは新たな風評発生を危惧し、説明会は紛糾しました。漁自粛以来の怒りは募り、信頼しようにも裏切られる相手との交渉役を担った佐藤さんの心労は積み重なっていきます。

「一番厳しかったのは『サブドレン』を巡る問題だった」と今野さんは言います。サブドレンとは、原子炉建屋の周囲の井戸から地下水を直接くみ上げる計画で、東電が14年8月に提示しました。しかし、汚染水そのものが混じる可能性があり、「安全な基準値に浄化して海に流す」という東電の説明にも、県内の両漁協は「さらなる風評を生む」と反対しました。海に放出するという東電の話がニュースで流れた途端、相馬双葉漁協の試験操業のシラスの値が下落する事態も起き、交渉は越年。そして翌15年2月下旬、漁師たちにとって東電の新たな背信が明るみに出ます。今度は原子炉建屋の屋上にたまった高濃度汚染水が海に流出し続けており、東電は公表せず1年余りも放置していたと報じられたのです。

佐藤さんは「信頼関係はまた崩れた」と当時語り、漁師たちは3月のコウナゴの試験操業先送りを決めざるを得ませんでした。紆余曲折の末、相馬双葉漁協が「計画容認」の意見をまとめたのは5カ月後。「受け入れなければ、福島の漁業復興の絶対条件である原発の廃炉へ1歩を進めず、苦渋の選択をするほかない」と、佐藤さんは最後には強硬な組合員らを説得しました。「組合長はどっちの味方なんだ」という仲間たちからの反発も背負いながら。

「俺は死んでもやり通す」

こつこつと積み重ねてきた試験操業の成果を振り出しに戻すような相次ぐ汚染水問題。「東電と渡り合い、組合の意見を取りまとめる苦労は並大抵でなく、相当に辛抱したのだろう。だが、苦しさを口にする人ではなかった」。小型船主会会長として佐藤さんを支える立場でもあった今野さんは打ち明けました。怒声が渦巻く現場で仲間の気持ちを1つにしなくてはならないリーダーの努力は想像を超えます。もともと海の男らしく筋肉質だった佐藤さんは、そのストレスのためかと思うほど、説明会の取材などで会う度に痩せていきました。「11年前、胃がんになって全摘をしていた」と幸司さん。宝精丸の船長だった時代です。「陸に上がって治療に専念したが、早く漁をしたかったのだろう、1年半後には船に復帰した。食欲がなく、飯も食べられなかったのに。それで点滴を船に持ち込

完成披露された相馬市松川浦漁港の荷さばき場=2016年10月1日

み、薬の容器をブリッジからぶら下げながら漁をしていた」。わが身の苦痛も後回しにするような凄絶な気迫は、船長を幸司さんに譲って組合長となってからも変わりませんでした。

16年5月、大腸がんが新たに見つかり手術。経過そのものは良好だったといいますが、腸閉塞に苦しんで3回ほど入院しました。その間にも闘病を表沙汰にせず仕事をし、笑顔を絶やさず、悲願とした復興を少しずつ形にしていきました。荷さばき場とともに製氷施設や漁具倉庫、共同集配施設なども整え、漁協本所も再建しました。相馬の浜を代表する魚ヒラメの試験操業にもこぎつけ、それまで漁自粛が続いていた福島第1原発から10~20キロ圏の海域でも環境の回復を確認して17年春から試験操業の対象に広げました。

組合長1期目の任期が近づいた3月ごろ、

佐藤さんを囲む家族会議があったそうです。「体調が悪くなる前に組合長を辞めてほしい」「もう十分にやったでしょう。2期目を諦めて、この先は体の治療だけを考えて」。兄の健康を身近で案じていた幸司さんも止めようと説得しました。しかし、佐藤さんは「復興への事業をまだやり残している。俺は死んでもやり通す」と言い、頑として聞き入れませんでした。「思えば兄は死を覚悟し、自分の余命を測りながら仕事をしていたのかもしれない」と幸司さん。佐藤さんの体調は一時好転し、周囲を安心させながら楽な気持ちで最後の手術を受けたといいます。4月いっぱいで退院し、組合長選任がある漁協の総会に出席する心づもりでした。「ところが、思いもしない痛みがひどくなり、肺炎を起こし、意識がないままの最期の数週間を家族は見守らねばならなかった」

冒頭のコウナゴの競り入札の3日前、漁協本所で佐藤さんをインタビューしました。避けられぬ問題として挙げたのが、福島第1原発でタンクにためられた約80万トンものトリチウム水（現在は約85万トン）の行方でした。原発にある汚染水処理システム（多核種除去設備・ALPS）で唯一除去できない放射性物質。原子力規制委員会幹部らは「希釈しての海洋放出する」案を主張していますが、国内外に新たな風評が広がる懸念は強く、政府の結論は出ていません。「漁協、県漁連は一貫して『容認できない』と訴えてきた。国と東電はいずれ難しい選択を迫ってくるのだろうが、われわれは前に歩むことを考えなくてはならない」

佐藤さんの幼なじみで、かつて漁獲を競い合った沖合底曳き船主の高橋通さん（61）は言います。「トリチウム水だって汚染水だ。80万トンも流されたら、風評は福島だけでなく、宮城や茨城から全国に広がる。復興がまだ遠い漁業を守れる処分方法に国は知恵を絞るべきだ」。あまりに重い宿題を抱えて、佐藤さんは闘い抜きました。震災当時、消防士だった長男泰弘さん（27）もいま幸司さんと宝精丸に乗り、復興の悲願は次代に引き継がれていきます。

＊　　＊

解説『トリチウム水「海洋放出」を危惧する福島の漁業者』（16年10月、新潮社『Foresight』）

廃炉工程にある東京電力福島第1原発でいま、汚染水の処理後、構内のタンクで保管中の水が約80万トンに上っている。「浄化水」ではなく、水と唯一分離不可能な放射性物質トリチウムが溶け込んだ廃液だ。それを希釈して海に放出し、汚染水問題を一気に解消したい政府に対して、地元福島県の漁業者たちは絶対反対の構えだ。科学的に安全なレベルに薄められても汚染水に変わりはなく、大量放出となれば計り知れぬ「風評被害」再燃の恐れがある――との理由からだ。こつこつと試験操業が続けられてきた福島の漁業復興の上で最大の懸案になっている。

市場再建祝う6年ぶりの祭り

「ようやく施設の再建にこぎつけた。これから、ここで交流イベントを企画し、我々の試験操業で獲れた魚が安全だと消費者に知ってもらい、安心して食べてほしい。風評は漁業復興の上で最大の問題。払拭はなかなか難しいが、本格操業に向けて努力を重ねていきたい」

福島県相馬市の松川浦漁港で（16年）10月1日、東日本大震災と東京電力福島第1原発事故を挟んで6年ぶりに催された「ふくしまおさかなフェスティバル　イン　相馬」。大津波で荷さばき場（魚市場）と事務所を壊され、仮施設で試験操業を続けてきた相馬双葉漁協の佐藤弘行組合長は、再建された拠点を披露する祭りの開会式で、集まった市民に復興を誓った。

同漁協の試験操業は12年6月から、漁協組合員が週2、3回ほど船を出し、監督機関である福島県地域漁業復興協議会（県、流通業者、消費者、水産専門家らが参加）の専門委員会が「安全」と判定した魚種のみ、限られた量だけ漁獲している。水揚げされた魚介類は放射性物質の検査を経て、通常の競りでなく業者との相対取引で売られている。福島第1原発事故の1カ月後、東電が原発構内の汚染水1万1500トンを海に放出処分し、それが原因で同県の漁業者は操業自粛を強いられてきた。試験操業が許されるには、県と合同のモニタリング調査で、魚種ごとに基準値を継続してクリアするのが条件。「当初わずか3魚種だった試験操業は今、92魚種（当時）に増えた」と佐藤組合長は、辛抱を積み重ねた成果に胸を張り、全国の市場、消費者から信頼を得ての本格操業再開へ希望をにじませた。

4800平方メートルの明るい荷さばき場は大漁旗で飾られ、魚のつかみ取りや名物のカレイの塩焼きに大勢の人の輪ができ、岸壁に停泊した漁船に家族連れが試乗するなど、約8000人の来場者でにぎわった。「震災前の祭りのにぎわいがよみがえった」と漁協関係者は喜んだ。他にも明るいニュースはある。試験操業で獲っているコウナゴが、西日本の産地の禁漁措置（高水温が原因）のため震災前のような高値で売れたり、相馬の浜を代表する魚であったヒラメ、アイナメが8月以降、新たに試験操業の対象魚に加わったりした。

しかし、祭りに参加した漁業者の表情は厳しいままだった。

「相馬産のコウナゴの好況は一時的な需給関係の結果で、他産地の水揚げが元に戻れば、また、風評を織り込んだ『2等級下』の値で買いたたかれるのではないか」

「再建されたとはいえ、相馬の市場の大きさは本来、年に50億円の売上がないと自立も維持もできない。道はまだまだ遠い」

そして、共通して聞かれたのが「福島第1原発の汚染水処理がどうなるか」という懸念だ。沖合底曳き船主の高橋通さん（61）は言う。

「（原発構内には）最後に残った〝やっかいもの〟のトリチウム水の保管タンクが山ほどある。『それを海に放出したらいい』という話が政府から出ている。東京オリンピック（20年）の1年前には片付けてしまいたいのだろう。しかし、そうなったら『風評』はどうする？　これまでの努力が帳消しにされる」

「放出やむなし」の世論づくり

トリチウム（三重水素）は放射性物質の1種で、水素と性質が似ている。そのため、それが溶け込んだ水から分離できず、13年3月から福島第1原発の汚染水（約60種の放射性物質を含む）処理で東電が稼働させている「多核種除去設備（ALPS）」でも唯一除去できないでいる。汚染水処理を東電は当初「浄化」としていたが、実際には半減期12年のトリチウムを含んだ廃水は現在約80万トンが保管タンクにためられている。汚染水は、溶けた核燃料が残る原子炉建屋に地下水が流入して毎日発生。それを減らそうと東電が建屋の周囲に開設した「凍土壁」などの対策にも劇的な効果が見えず、トリチウム水は増え続けている。

漁業者が懸念する海洋放出は、13年9月、日本原子力学会の福島第1原発事故調査委員会が最終報告案で「自然の濃度まで薄めて放出」を提案。以後、せきを切ったように政府の原子力規制委員会、経済産業省の幹部らが「放出はやむなし」との見解を相次いで表明し、今年（16年）4月には政府の汚染水処理対策委員会が「海洋放出が最も短期間に、低コストで処分できる」とする試算を明らかにした。(1)深い地層に注入　(2)海洋放出　(3)水蒸気放出　(4)水素に還元して大気放出　(5)固化またはゲル化し地下に埋設――の方法を検討した結果で、これからの処分方法の絞り込みに向けた議論のたたき台にするという。

トリチウムは原発の運転過程でも発生し、これまで各地の原子力施設から海に放出されてきた事実がある。田中俊一原子力規制委員長（当時）も「廃炉に伴う廃棄物が増える中で、タンクは延々と増やせない。（汚染水処理設備で取り除けない）トリチウムは分離できず、濃度基準を下回る水は何十年も世界で放出されている」（16年3月8日の河北新報より）と述べるなど、科学的に問題はないとたびたび発言している。

しかし、そうした事実そのものが、一般にほとんど知られてこなかったのではないか？

「海に放出されたら、また大きな風評が起きる。それは感情論だと田中委員長は言うかもしれないが、人の不安の感情から始まるのが風評問題なんじゃないか」。やはり10月1日、松川浦漁港での祭りに自らの小型漁船とともに参加した今野智光さん（58）はこう語った。

相馬の漁業者にとっては、トリチウム水も汚染水に変わりはないという。汚染水という言葉自体が、トラウマになるほど苦い経験の数々と重なっているからだ。漁業を復活させたい一心で試験操業を続けていた13年7月22日、東電がそれまで隠していた福島第1原発での汚染水海洋流出事故を突然公表し、相馬双葉漁協は、漁の最盛期だったタコの取引を中京地方の市場から半ば門前払いされた（当時、その風評は同県内陸の農産物などに及び、福島市周辺の桃の売上も減った）。

15年2月にも別の長期にわたる汚染水流出事故の隠ぺいが発覚。漁協は風評再燃を恐れ、試験操業中だったシラス漁を延期せざるを得なかった。不信感は、そのたびに漁協組合員への対策説明会を開いて謝罪を繰り返す東電だけでなく、同じ場で「東電任せでなく、国が前面に出て汚染水対策、風評対策に取り組む」との約束を重ねてきた経産省など政府にも向けられてきた。過去の説明会で漁業者たちは、トリチウム水の海洋放出への懸念と拒否の意思を訴えてきたが、東電側はそのたびに放出の可能性を否定してきた。それゆえに漁業者たちは、新聞で知るしかない政府関係者のトリチウムをめぐる発言や動きを、自分たちの声も手も届かぬ場所での「世論づくり」とみる。

ソウルではPR行事中止

16年9月23日、福島市で「北日本漁業経済学会」が福島第1原発事故と漁業復興をテーマにしたシンポジウムを開き、福島の浜を歩いている大学の研究者、県漁協やメディアの関係者ら約60人が集った。発表者になった同市内の生協の幹部がこう語った。

「九州と沖縄の7県の生協が東日本大震災の被災3県（岩手、宮城、山形）の復興支援カタログを統一して作り、産品を取り扱っている。ところが、今年5月の新聞報道を見た、あるコープの会員から『国がトリチウム水を海洋放出することになったら、コープ九州の復興支援カタログで東北の海産物は企画しないでほしい』という声が寄せられた。普通の国民の感覚、消費者の感覚からすれば当然の反応なのかな、と思う」

この幹部は、前述の汚染水処理対策委員会の基礎的な検討作業に参加の依頼があり、民間人の視点で携わりながら、驚かされることがたびたびあったと述べた。

「そもそも福島第1原発のトリチウム水の原水濃度は420万ベクレル／リットルと知ったが、海洋放出案では、それを薄めて6万ベクレル／リットル程度の濃度で海に流すという。だが、薄めればよい、という発想が住民、消費者の目線からは受け入れられないのではないか。専門家の発言の中に、トリチウム水はいわゆる汚染水とは違う、ということを強調する場面がしばしば見られることも気になる」

この生協傘下の地元食品会社では、福島県産大豆を使った豆腐製品の売上が、昨年も原発事故の前年比2割減の状況で、水産品以外でも消費者の厳しい反応は続く。トリチウム水の海洋放出が実施されれば、前述の九州からの反応のような事態が広がると危惧する。

現実に風評は福島県以外の被災地でも復興を阻む「壁」となり、珍味で知られるホヤの主産地・宮城県の漁業者たちは13年7月の福島第1原発の汚染水海洋流出を理由にした韓国政府の輸入規制（東日本8県の水産物が対象）で、原発事故前に出荷の7～8割を占めた韓国市場を失った。大津波で壊滅したホヤ養殖は14年から復活したが、今年（16年）ついに生産過剰となり、同県漁協が苦渋の選択で国内出荷分を除く計1万4000トンを水揚げ後に処分した。石巻市でホヤ養殖を営むある漁業者は「輸入規制そのものが風評問題。この上、福島第1原発のトリチウム水を海に流されたら国内外の風評はさらに長引き、輸出再開はもう望めない」と話す。

16年2月には、外務省が東日本大震災の被災地復興を韓国・ソウルでPRする行事の中止を余儀なくされた。

《東北地方の菓子や日本酒の宣伝も予定したが、韓国の市民団体が東京電力福島第1原発事故を理由に食品の安全性に疑問があるとして反発、抗議する動きを見せていた。聯合ニュースによると（開催地の）城東区は「公の場所で原発事故発生地の生産物を無料で配ったり販売したりすることは適切でない」としている》（2月20日の共同通信より）。

シンポジウムに出席した別の同県生協連幹部は「政府関係者の発言などを報道でみると、『福島県の漁業者』に当事者を限定し、現実を小さくしているように見える。国民全体に関わる問題なのに、他県では報道、関心も薄いのではないか」と語り、宮城、岩手、茨城各県の漁業者らも参加できる、開かれた議論の場を求める意見も自由討論で出された。

協力してきたのに……

これに対し、シンポジウムに出席した野崎哲福島県漁連会長（傘下は相馬双葉、いわき市各漁協）は、あくまで漁業復興と廃炉作業の両立を政府、東電は守るよう訴えた。毎日約400トン発生していた汚染水を減らす対策として、これまで県漁連は「地下水バイパス」「サブドレン」（汚染前の地下水をくみ上げ、海に放出する方法）などの提案に協力してきた。風評発生の懸念に対する組合員の激論を説得しながら、「廃炉作業に協力するのが漁業復興への道でもある」と苦渋の決断で認めてきた経緯がある。だが、トリチウム水の海洋放出に関して、野崎会長は「われわれの漁業の死滅を意味する」と受け入れない考えを示し、「デブリ（溶融した核燃料）の取り出しまで、少なくとも10年間はタンクでの保管を続けてほしい、というのが県漁連の立ち位置」と訴えた。

シンポジウムを企画した学会メンバーの濱田武士北海学園大教授（地域経済論）は、試験操業を監督する前述の同県地域漁業復興協議会の一員として福島の浜を歩いてきた。その経験から取材に次のように語った。

「トリチウム水の海洋放出の動きに漁業界など地元が強く反発する（内堀雅雄同県知事も政府に慎重対応を要望）のは、処理前の状態は福島第1原発の原子炉内で発生した高レベル汚染水であったからに他ならず、地下水バイパス、サブドレンでくみ上げる地下水と同じものとは扱えない。しかも放水となれば、安全性に問題がないとしても、報道を介した波紋は計り知れず、消費者に向けて福島の魚の安全を証明し、信頼を取り戻そうと慎重に行われてきた試験操業が振り出しに戻る可能性がある。風評収束を福島の漁業者が望んでも、政府の進め方が強引だと逆効果になりかねない」

「国が前面に出ると政府は繰り返してきた。福島県の漁業者も汚染水対策を承認する条件として、トリチウム水の海洋放出だけはしないでほしい、と求めてきた。それだけ影響の大きな問題なのに、政府は合理性を前面に押し出して福島県の漁業者を追い込むような空気をつくり、最終判断の責任をひとり負わせようとしているのはどうなのか」

「五輪前の処理」が本音？

トリチウム水の海洋放出が最も低コストとする試算を報告した政府の汚染水処理対策委員会（委員長・大西有三京都大名誉教授）は9月27日、処分方法を絞り込むための新たな小委員会を設置した。前述のトリチウム水の処分方法について6月に出した報告書を基に、技術的な観点だけでなく、風評被害などの社会的な問題も検討し、適切な処分方法について評価をまとめるという。

福島第1原発の廃炉を急ぐ上で最大の課題になったトリチウム水の処理について、海洋放出を唯一の選択肢として理論武装しつつ固める作業を急ぐように見える政府の動き。13年7月に汚染水海洋流出事故が明るみに出て間もなく、ブエノスアイレスでの国際オリンピック委員会総会で安倍晋三首相が、汚染水の状況は「コンプリートトリー・アンダーコントロール」（完全に制御されている）と国際公約して20年東京オリンピック招致に成功したのは記憶に新しい。相馬の漁業者が「東京オリンピックの1年前には（トリチウム水問題を）片付けてしまいたいのだろう」と指摘したように、公約の手前、オリンピックの前に、福島第1原発が抱える問題の目に見える解決や復興ぶりを見せたいというのが政府の本音なのではないか。

作り手なき水田を北海道並みの放牧地に和牛復活に懸ける農家の妙案

2017年6月　飯舘村

6年ぶりに放された牛

2017年6月7日。東京電力福島第1原発事故の避難指示解除から2カ月余りが過ぎた福島県飯舘《いいたて》村に、実に6年ぶりに牛の鳴き声が響きました。被災地の村で放牧を復活させるための試験のスタートです。避難生活の間も畜産再開への希望を捨てなかった農家が描いた、「水田を北海道並みの放牧地にして牛を飼おう」という常識破りの構想でした。村を貫く県道原町川俣線沿いにある松塚地区。除染が終わった水田を3枚つないだ約2ヘクタールの試験地には、5種類の牧草が90センチ前後の高さに青々と育っていました。

原発事故前に人口約6000人の半分の数が飼われていた牛は、いまの村には1頭もいません。最後に聞こえた牛たちの鳴き声を畜産農家は皆、悲痛な思いとともに耳に焼き付けています。避難先に移された一握りを除いて全頭、競売に掛けられて処分されたのです。筆者のブログ『余震の中で新聞を作る143〜生きる、飯館に戻る日まで⑦　牛たちの哀歌』で村の農家の主婦、佐野幸正さん（70）、ハツノさん（68）夫婦（『望郷と闘病、帰還　そして逝った女性の6年半』の章参照）は、全村避難を迫られた末の苦渋の決断と牛たちとの別れの日をこう回想しました。

『その苦悩の最たるものが、家族同様の存在である牛たちをどうするか、でした。「いきなり全村避難と言われても、牛を置いて避難などできなかった。あのころはまだ放射能なんて言われても、何のことだか、ぴんとこなかった。このまま家に残ろうと思っていた」。幸正さんは仮設住宅の居室で振り返りました。結局、農家たちは手塩に掛けて育てた牛をトラックに積んで運んだのです。あの悲しい「ドナドナ」の歌のように。中通りの本宮市にある福島県家畜市場で、計画的避難区域に指定された市町村の牛の競売が行われることになり、飯舘村の牛は5月下旬から6月下旬にかけて3回、競りに掛けられました。「初めは同情や応援もあってか、いい値で引き取られたが、最後はたたき売りも同然だった」と口惜しそうに幸正さん。

隣でハツノさんが続けました。「牛は賢くて、何でも敏感に感じ、分かるの。ずっと一緒に暮らしてきたんだもの」。3度目の競りに佐野家の最後の牛を運ぶ日、夫婦はたまたま用事があり、知り合いに積み出しを頼みました。その時の出来事を、ハツノさんは後で聞いて、ショックで胸をえぐられました。「牛が暴れて、暴れて、トラックの荷台に上がろうとしなかったそうだよ。すごい悲鳴を上げて、牛ではなく、まるで人の声のようだったそうだ」「自分たちより先に（家畜市場に）

避難先の牛舎から運んだ牛を引っ張り出す山田さん＝2017年6月7日、飯舘村松塚

連れていかれた仲間の牛たちが、いつまでたっても帰ってこないので、これはおかしい、異常なことだ、と分かったのだろうね」』

自ら「水田放牧」と呼ぶ構想の主で、2年前から取材の縁を重ねる山田猛史さん（68）のトラックが到着したのは午後2時すぎ。車で30分ほど離れた福島市飯野町の山間にある避難先の牛舎から、雌の黒毛和牛を運んできたのです。電気牧柵が延々と巡らされた放牧試験地の前で荷台の扉を開け、第1陣の3頭を引っ張り出しました。狭い牛舎しか知らない牛たちは外界に出るのを怖がり、大声を上げて抵抗します。が、放された場所が広々として自由な楽園だと知るや、競うように駆けだして、放牧地の端まで行って牧草をはんだり、のんびりと寝そべったり。放牧試験地の2カ所には、山田さんを支援するNPO法人「ふくしま再生の会」（田尾陽一理事長）のメンバーたちが

水田の放牧地に放された牛たち＝2017年6月7日、飯舘村松塚

ビニールハウスの骨組みを利用して建てた、牛たちの休憩用の小屋があります。

畜産への愛着を捨てず

「やっと始まった……という気持ちだ。牧草も予想したより早く育った。牛たちにしてみれば、どこを見ても大好きな草があり、自由に伸び伸びと暮らせる。毎日、俺があげる餌ばかり食べていたからな」。山田さんは、ついに念願を果たした思いをこう語りました。しかし、この日始まったのはまだ試験。山田さんと共同で試験に取り組む福島県農業総合センター畜産研究所から、志賀美子所長らが現場に立ち会いました。牛が食べ尽くして牧草がなくなる秋までに2回、土壌に残っている可能性がある放射性物質の牛たちや牧草への移行がないかどうか、検査する予定でした。「事前の検査では、牧草から全く検出されていない。最終的に安全と確認されれば、除染を終えた後の水田での放牧を新しい農業復興策として県内の被災地に提案していきたい」と期待します。

除染土の黒いフレコンバッグが野積みされ、表土を削り取った後に盛られた山土が砂漠のように広がる村では貴重な希望の芽。その最初の取材は2015年3月にさかのぼります。11年3月の福島第1原発事故の以前、山田さんはコメとタバコ、ブロッコリーの栽培と和牛繁殖を同村松塚の自宅で手掛けていました。地元の関根・松塚行政区長を14年3月まで3期務め、その後は復興部長を務め、村農業委員会委員でもあります。

阿武隈《あぶくま》山地の標高400～600メートルの環境で宿命的な冷害など、厳しい自然と共生する生き方として、村と農家たちは協働して和牛の村づくり畜産を新しい産業に育て、223戸が約3000頭を飼っていました。しかし、福島第1原発事故後の全村避難指示とともに、前述のように牛たちは同県畜産市場で競売に掛けられました。農家は身を切られる思いで牛を手放し村を離れましたが、山田さんは畜産への愛着を捨てず、手元に3頭を残して、避難先となった同県中島村（白河市近郊）で牛舎を借り、新たに和牛を買い足して生業を続けました。村への帰還を志して14年秋、役場の仮庁舎（出張所）がある福島市飯野町に牛舎を買い求め、住まいを建て、38頭の牛と移り住みました。

「原発事故がなければ、今は後継者になって牛舎で一緒に働き始めた三男＝豊さん（34）＝に経営を譲渡して、農業者年金でのんびり暮らすつもりだった。しかし、人生計画が変わってしまった。避難先で毎日、こたつに当たって暮らすわけにいかない。村で農業の再開は難題だが、どこでもできる牛をやろう、と思った」と言います。豊さんは妻、子どもと一緒に福島市に避難し、そこで偶然手にしたレストラン業界雑誌で、京都市にある大手食肉卸会社「中勢以《なかせい》」の記事を読みました。「生産者としてだけでなく、食肉の面からじっくり牛の勉強をしたい」と思い立って本社を訪ね、就職することができたそうです。それが山田さんに、飯舘村で和牛を復活させることへの新たな意欲を与えてくれました。

「コメは風評で売れない」

松塚がある関根・松塚行政区（44世帯）は、山あいの村では最も平地に恵まれた地区で、約60ヘクタールの水田が広がっています。原発事故で放射性物質が北西方向に拡散した影響から、村が11年4月上旬に測定した地区内の定点の空間線量は8・35マイクロシーベルト毎時。他地区と同様に高いレベルでしたが、3年後の14年4月初めには、未除染の段階で1・73まで減り、村内でも低線量の地域の1つになりました。ただ、行政区が避難中の住民を対象に「帰還後」に向けた土地利用の意向調査を行ったところ、「水田を利用して稲作を再び行う」と答えたのは3人だけ。しかも、1枚（30アール）だけを使うという自家米作りの規模でした。「花や野菜の栽培などハウスでの園芸農業をしたい」という希望者は十数人いました。「これから水田が除染されたとしても、飯舘産のコメは風評で売れなくなる」という懸念と諦めが住民に広まっていたのです。

15年3月。関根・松塚行政区では、放射性物質が付着する表土をはぎ取る除染作業が9割以上の水田で進んでいました。他の行政区では、環境省から要請された地区ごとの除染廃棄物の仮置き場の受け入れや場所選定が難航し、多くが水田を仮置き場として提供せざるを得ず、これから農地の除染が始まるという状況でした。「うちの行政区の外れに、全戸が組合員として共有する牧野（牧草地）がある。そこを除染土の仮置き場として利用しよう、国からの借地代も平等に分けよう、と俺たちは村内でいち早く決めた。その牧草地も、親父（山田健一さん、1972～87年に村長）の時代に住民が話し合い、協力して造成したんだ。この地区には、それ以来の平等主義があり、まとまりの良さが財産なんだ」

「水田放牧」の構想を温めたのはそのころ。山田さんが区長として行った住民の土地利用意向調査の話を紹介しましたが、「水田が除染されても、作り手がいなければ耕作放棄、遊休農地が増えるばかりではないか」という心配があったからです。環境省は農家の不安の声を受けて除染を終えた後の水田に、放射性物質の吸収抑制効果も兼ねたカリウムなどの肥料や土壌改良材を入れ、復田への意欲を後押ししようという「地力回復工事」を追加的に行う方針を出しました。それでも、「コメを再び作って売りたい」という声は全く上がりませんでした。「案の定、福島の米価も暴落し、コメで農業復興を考えることは不可能になった」。取材で訪ねた避難先の牛舎で、山田さんは前年秋の痛恨事を振り返りました。

14年産のコメの米価に当たる概算金（全国農業協同組合連合会の各県本部が、農家のコメ販売委託を受けて支払う前渡し金）の額が、前例がないほど下落したのです。福島県浜通り産のコシヒカリは、前年の60キロ当たり1万1000円から6900円、中通り産は同じく7200円に暴落しました。当時、全国で220万トンを超えるコメ余りが市場価格に反映されたのが原因とされましたが、「福島のコメには、原発事故の風評が織り込まれたとしか思えない。作れば作るだけ赤字になる米価だ」と山田さんは語りました。

農地を荒廃させず活用

それだけでなく、「水田を本当に復旧させるには肥料をまくだけじゃ足りない。熟成した堆肥をすき込む土作りが5~10年必要だと、農家は誰でも知っている。だが、堆肥を作るのに必要な牛が、村にはもう1頭もいないんだ」。農家の暮らしも実情も知らず、霞が関の机上で「復興」の事業や基準をつくっている政府と、村民とのギャップは広がるばかりでした。当時、「飯館村で避難指示解除と帰還が現実的になるのは2年後の17年春」というのが山田さんの見方で、「その時、村民の1人1人が新たな生き直しを迫られるが、確実なのは利用されない水田、遊休農地が大規模に生まれることだ」。行政区長を14年3月に退任した後、復興部長という役目を引き受けた山田さんには、「農地を荒廃させずに、どう活用するか」が一番の難題でした。それを畜産の復活と併せて一挙に解決する妙案が「水田放牧」だといいます。

1枚当たり30アールの広さに整然と区画整理されている松塚地区の水田を縦横につなげ、仕切りの「あぜ」を無用のものとして取り払い、面積をできるだけ広げて牧草を育て牛を放牧する。それが「水田放牧」の構想。北海道のような広い牧野を生み出し、稲作を失うことになる地域の農業を、仲間の住民が帰還後に計画するハウス園芸と両輪で再生させる方策です。「松塚の平坦な地形は放牧地の絶好の条件」と山田さんは見ていました。「避難指示の解除、住民の帰還とともに、村内での営農再開が宣言されるだろう。まず自分の水田から放牧地の種地を生みだし、そこから希望する仲間から水田を借りて広げ、50頭を当面の目標に放牧を始めたい。住民が主体となった復興の先駆けに」と構想は膨みました。

障壁の「あぜ」撤去を敢行

しかし、実現には物理的な障壁もありました。広い牧野づくりの邪魔になる「あぜ」が、コメの生産手段である「農地」の一部とは農林水産省から見なされておらず、農地除染を担当する環境省からも「除染作業の対象外」とされている現実でした。「あぜの土には1万ベクレル前後の放射性物質が残り、牛が土をなめたり、生えた雑草を食べたりする恐れがある。牛の移動の妨げにもなる。撤去しなくてはならない」と山田さん。そこで「水田放牧」構想を村役場に提案し、除染作業を現場で担当する環境省福島環境再生事務所にあぜの撤去を求めて掛け合いました。が、「前例がない」と受け付けられず、山田さんは15年10月、除染が終わった自らの水田で実験を敢行しました。

協力したのは、関根・松塚行政区の放射線量測定や農地再生策などを支援している「ふくしま再生の会」と東京大福島復興農業工学会議のメンバーたち。山田さんは自ら小型ショベルカーを運転し、まず、あぜに並行して水田の端から端まで深い溝を掘り進めました。それから、除染されていないあぜ（幅約60センチ）を実際に削り取って、先に掘った溝にあぜの土を埋めていきました。雨水も浸透しない粘土層まで深さ1・3メートルの溝です。さらに、溝の底から掘り上げた未汚染の新鮮な土で、溝を厚く覆っていきました。メンバーの溝口勝東京大教授（土壌物理学）らが事後に検証測定を行った結果、あぜの土を埋めた跡から放射線は全く外に漏れず、周辺の環境に影響が出ないことが確かめられました。

この実験の成果を踏まえた方法で、山田さんがあぜの撤去を本格的に実践したことを伝える記事が河北新報に載ったのは16年7月20日でした。

『試験は日本草地畜産種子協会の補助を受け、福島県畜産研究所と村が支援している。試験地は、関根松塚地区にある自身の水田。国の除染（表土除去）が終わった1枚30アールの水田を東西に6枚連ねた区画を用い、うち3枚であぜ（1本の延長100メートル）を取り払う。（中略）山田さんは耕運とたい肥散布を行い、9月から牧草の種をまく。牧草が伸びる来春、福島市内の避難先で飼っている6頭を放す。県畜産研究所は牧草の放射性物質を検査す

試験地となる自らの水田のあぜを撤去する山田さん＝2016年7月3日、飯舘村松塚

るほか、あぜの撤去をしない水田で除草シートをあぜにかぶせる。撤去工事をしない形での水田放牧を普及できるかどうか、効果を見る。山田さんは「農業再生を考えた時、畜産しか思い浮かばなかった。水田放牧を成功させたい」と話す』

山田さんの提案を受けた飯舘村が後押しし、福島県が被災地の農業復興策として「水田放牧」に注目。同県農業センター畜産研究所との共同試験が決まったのでした。山田さんはあぜの撤去後、除染後の客土の山砂で覆われた水田をトラクターで耕運し、避難先の牛舎から牛の堆肥を運んで散布し、雨続きだった9月から遅らせて翌10月に牧草の種をまきました。

「和牛の村」復活を願い

飯舘村の秋が深まった同年10月末から11月初め、山田さんは県畜産研究所、ふくしま再生の会と一緒に、放牧試験地の周囲（約６００メートル）にイノシシの侵入防止も兼ねた電気牧柵を設置しました。関根・松塚行政区は水田の利用策の一環として、ソーラーパネルによる大規模太陽光発電所も村を通して誘致しており、電気牧柵の電源としても使います。その作業の取材に訪れると、見渡す限りの地面に長さ3センチほどの淡い緑の牧草が生えていました。村の農家たちが何世代にもわたって肥やしてきた土が除染ではぎ取られ、砂漠のようになった飯舘村の水田にようやく芽生えた希望の芽のように見えました。

山田さんは早くも「水田放牧」試験の先を準備していました。松塚地区では3月末の避難指示解除

水田３枚をつないだ約2ヘクタールの放牧試験地＝2016年10月31日、飯舘村松塚

後、農家7戸が花の栽培を始める予定で、放牧試験地のすぐ隣の水田に大型の複合ハウスを建てました。「今年は（避難先の福島市）飯野町から毎日通うつもりだが、試験を成功させれば、来年から（既にリフォーム工事を終えた）自宅に本拠を移して本格的に放牧をやりたい。そのために、地元の農家仲間からも水田を借りて放牧地を広げたい」。そうした相談も進んで、計10ヘクタール近くを借りられる見通しがついたといいます。その一部で、放牧試験地に隣接する水田には、緑肥となる「からし菜」を育てて土にすき込み、牧草をまいて安全性の検査をした上で、18年から放牧する和牛を増やすそうです。

京都市の牛肉卸会社で修業をしていた三男の豊さんも16年3月に家族と共に福島市内に戻り、飯野町の牛舎に通って山田さんと和牛繁殖に取り組んでいます。食肉販売の現場で学んだ知見を生かして、飯舘村で父親たちの世代が営んできた和牛繁殖にとどまらず、「良質な和牛の肥育から、肉の販売までを一貫して手掛けたい」という新たな将来を描いています。山田さんも語ります。「それまで10年は頑張りたい。農業再開に不安を抱えた人も多いが、こうして俺がやって見てもらうことで、自信を持ってもらえたらいい」「水田放牧を村に広げて、避難先の後継者たちが夢を持って帰還できるように道を開きたい」

試験地に芽吹いた牧草と山田さん＝2016年10月31日、飯舘村松塚

被災地へ3500人をガイド
湯本温泉ホテル主人が伝え続ける原発事故

2017年6月　いわき市〜楢葉町〜富岡町

東京電力福島第1原発事故の被災地は、放射線量が高いままの帰還困難区域を除いて、2017年3月末から4月初めにかけて、ほぼ6年間にわたった全住民への避難指示が解除されました。その後の状況はどうなのか、住民は実際に戻っているのか。それを知るには、現地を巡るスタディーツアーに参加してみては。引率するのは、いわき市湯本温泉の老舗ホテルの主人。原発事故の打撃で宿泊者が激減した中、それまでの「営業」「客の数」でなく、被災者となった同胞を支え、「原発事故からの生き方」を社会に伝えるNPO（特定非営利活動法人）活動を始めました。全国から既に3500人を超える参加者を集め、新しい交流と人のつながりを生んでいます。

原発事故をきっかけに始めた活動

湯本温泉の歴史は古く、平安時代中期の927（延長5）年の延喜式神名帳に「陸奥国磐城郡小七

座　温泉神社《ゆ》」とあり、開湯はもっと昔にさかのぼります。太平洋の海洋深層水が地下深くに浸透して熱せられた「含硫黄－ナトリウム－塩化物・硫酸塩温泉」。切り傷によく効くので、近隣の戦国大名や侍たちが湯治をしたと伝わり、江戸と仙台を結ぶ浜街道で唯一の温泉場として栄えました。温泉発祥の地として今も鎮座する神社の向かいに、1695（元禄8）年創業のホテル「古滝屋」があり、その16代目主人が里見喜生さん（49）です。

本業の傍ら、NPO法人「ふよう土2100」を設立して理事長となったのは、東日本大震災と原発事故が起きてホテルが休館中だった2011年11月。いわき市の北に位置する原発周辺の福島県双葉郡には全住民の避難指示が出され、さまざまな障害のある子どもたちとその親も、自宅から遠く離れた避難所で孤立していました。それを知った里見さんは、居場所となる「交流サロンひかり」や「放課後等デイサービスがっこ」、「ひかり相談室」を避難先の郡山市内に開いて支援を始めました。ホテルの客室を双葉高校の寄宿舎として提供し、避難生活中の双葉町民といわき市民との交流会もホテルのロビーで催してきました。

スタディーツアーのきっかけは、原発事故直後の11年4月。全国から支援物資を携えて駆けつけた人々をホテルに受け入れ、そのたびに「被災地の実情を見せて、広く伝えてもらおう」と自ら車を運転して、いわき市内の海岸沿いの津波被災地を案内しました。「きちんとカンパを得て、継続的な活動にすべきだ」という仲間の助言を受け、NPO法人を設立後、1人3000円の参加費で本格的な被災地ツアーを企画。目的地は、福島第1原発に近い双葉郡の広野町、楢葉《ならは》町から帰還困難区域を抱える富岡町。避難指示解除後も帰還した人が少なく、実情が知られていない被災地で、それだけに原発事故の本質をありのままに伝える土地です。筆者は6月上旬の週末、古滝屋に泊まって翌朝のツアーに参加しました。

「3・11」後の苦難を語る

前夜、古滝屋主人として夕食の客たちと語り合った里見さんは、この朝、「ふよう土2100」の緑色のビブスを着て、集まった3人の参加者を外に準備した四輪駆動車に誘いました。自らハンドルを握って出発すると、ヘッドフォン型のマイクで次のように語り始めました。

古滝屋の前からスタディーツアーに出発する里見さん＝2017年6月4日、いわき市湯本温泉

「6年前の3月11日のこと。午後2時46分に起きた震度6の大地震で、ホテルの電

気、水道、ガス、電話が使えなくなった。ちょうど金曜日で、60部屋が200人分の予約で満室のはずだった。『ホテルにたどり着いたのは50人。非常用バッテリーの薄暗い明かりの下、卓上コンロで鍋料理を作り、仲居さんが14階まで運んだ。客を送り出した12日に福島第1原発で最初の水素爆発があった。誰も原発事故がどのようなものか知識がなく、街が焼失したり、(放射能の)悪い空気が入ってきて即死したりするのではないか、と想像した。当時140人いたスタッフにマスクを配り、『家族を最優先に守ってほしい。ホテルに避難していい』と告げた。その日から総勢50人の共同生活になった」

群馬県伊香保温泉の同業の友人から、救いの神のように「何人でもいいから避難してきて」と受け入れの連絡をもらい、マイクロバスに全員を乗せて向かいました。「8年前に他界した父の位牌もポケットに入れた。もう戻れないかもしれないと思ったから」。里見さんはそれから1週間で帰ってきましたが、原発事故は落ち着くどころか、津波による外部電源喪失で炉心溶融の危機が続き、周辺の放射線量も上がり、明日をも知れぬ状況でした。4月4日には東電が原発から1万1500トンもの高濃度汚染水を海に放出。いわき市、相馬双葉両漁協の漁業者たちは操業自粛を強いられ、福島の魚をめぐる風評との長い苦闘も始まりました。そして、現在まで続くことになる厳しい風評をも生み出しました。

「湯本温泉は、地元の小名浜《おなはま》漁港から直送される新鮮な魚の料理が目玉で、家族のお祝い旅行や宴席、関東などの『海なし県』から団体客も集めていた。しかし、原発事故の後、計4000人分の予約がキャンセルされるなど、お客はほとんどゼロになった。もう営業をやめようかと悩み、箱根温泉の友人からは『こっちに引っ越してこい』と誘いも受けた」

その苦境の時、里見さんは隣人である双葉郡の避難者らの難儀を耳にし、送迎付の温泉保養やお茶飲みサロンをホテルで催しました。「自分がいまやるべき役割を知ったのです」

人の姿がない被災地

里見さんの車は常磐自動車道を広野インターで下り、15年9月に一足早く避難指示が解除された楢葉町に入りました。国道6号脇には、除染ではぎ取られた大量の汚染土のフレコンバッグの山々が緑色のカバーを被って、あちこちの水田に居座っています。中心部の家々の多くは解体されて更地が目立ち、解体工事の現場を除いては人の姿が見えず、14年7月にオープンした仮設商業施設「ここなら商店街」の駐車場だけが車で埋まっていました。「きょうは定休日のはずなんだが」と里見さんはいぶかりましたが、疑問はすぐに解けました。集まっていた人の大半は作業服。東電や原発関連メーカー、ゼネコンなどの社員や作業員が花の寄せ植えのプランターを抱え、地元のボランティア活動に向かうところだったのです。福島第1原発の廃炉関連事業などで働く人の数は約6000人。これらの人々が、避難指示解除後の町の日常を支えているのです。16年5月9日の河北新報連載『適少社会人口減　復興のかたち』は、隣の広野町の実情をこう伝えました。

『生活感のない騒がしさが「人口急減」の町を包む。東京電力福島第1原発事故でほとんどの町民が町外避難した福島県広野町。今、廃炉と除染、復旧の最前線基地として多くの作業員が暮

富岡町の漁港再建の現場。右手奥の白い建物が指定廃棄物処理施設＝2017年6月4日

らす。事故直後、町が独自に出した避難指示は２０１２年3月に解除された。帰町者は約２７００人で、東日本大震災前の人口約５５００の半数に届かない。町内には作業員宿舎が点在する。分かるだけで約80事業所の３２５０人ほどが暮らす。元の町民を「新住民」が上回る。（中略）廃炉と復興。事故の後始末は30年、40年と続く。新住民と融和を図るか、関わらないか。それによって町の姿は変わる』

住民に刻まれた洗脳の傷

楢葉町の北隣にある富岡町は4月1日に避難指示が解除されたばかりでした。途中の国道沿いから、運転停止中の福島第2原発の一部が見えます。除染後の水田は、放射性物質の有無を調べる試験作付けが行われている１枚を除いて、荒れ野のような風景が続きます。

ＪＲ線再開に向けて整備されていた富岡駅前広場＝2017年6月4日

こつ然と現れたのは、白く巨大な建物。放射性物質の濃度が1キログラム当たり８０００ベクレル未満に低減した「指定廃棄物」（市町村で処分できるレベルのがれきなど）の巨大な焼却場と、高濃度に濃縮された焼却灰の保管場です。その近くでは、６年前の津波で破壊された富岡漁港や防潮堤の造成工事が急ピッチで行われていました。西側にはＪＲ常磐線が見え、やはり津波で全壊した富岡駅の駅舎を再建している工事現場がありました。

政府は10月ごろまでに富岡駅までの運転再開を計画していました（10月21日、楢葉町の竜田駅との区間が6年7か月ぶりに再開）。被災前の小さな田舎風の駅舎が、見違えるような駅前広場とバスプール、売店と飲食店のある駅に変貌しつつあり、ホテルも建設中でした。大震災と原発事故の前、人口約１万６０００人だった町の駅には不釣り合いなほどの広大さ。その外れにひっそりと、津波で１階部分をすっぽりと抜かれた商店が３軒、震災遺構のよ

富岡町の新しい公営住宅群を見る＝2017年6月4日

うに並んでいます。やはり作業員以外に人の姿はなく、筆者たちが休憩を取っている時、ちょうどJRの代行バスが1台到着したものの、乗降客はありませんでした。

富岡駅前から国道6号に至る道には、真新しい一戸建ての公営住宅が立ち並んでいます。しかし、洗濯物が干されていた1軒を除き、やはり人の姿は見えません。避難指示が解除された4月1日の河北新報は『公営住宅は、町が復興拠点に位置付ける曲田地区に建設された。木造平屋40戸と2階建て10戸。自宅を解体したり、自宅が帰還困難区域にあったりする町民らが入居する』と伝えました。新しい街の目抜き通りとなる道筋には3月末、複合商業施設「さくらモールとみおか」が開き、東電の原発PR施設だった旧「エネルギー館」と向き合っています。筆者たちは近辺で車を降り、里見さんの話に耳を傾けました。

「私も原発事故前、いわき市の団体視察で『エネルギー館』を4回訪れる機会があり、東電の説明を聞いていた。『原子力は未来を担うエネルギー』だと。『1986年のチェルノブイリ原発のような巨大事故が起きたらどうするの？』といった質問に、それぞれ4人の異なる社員が『万が一にも事故はありません』と全く同じ答えを繰り返した。これが『日本の多数派の正論』であると長年PRされ、国策に疑問を挟む者は『少数派、過激派』にされてきた。被災地をいま見て分かるのは、原子力は『いくつもの町を消滅させるエネルギー』でもあるという事実だ」「以前、会津地方のある避難者の仮設住宅を訪ねた際、話をしたおばあちゃんは、それでも『世話になった東電に足を向けて寝られない』と話していた」

福島第1原発が1971年に運転を始めて以来、地元に刻まれた深い洗脳――。里見さんの話に、同じ浜通りにある相馬市出身の筆者も記憶をよみがえらせたのは、子どものころ、「原子力は原爆とは違う、平和のエネルギーです」と作文に書いたことでした。

分断された桜の町

「どうぞ写真をたくさん撮ってください。帰ったら友人や知人に見せて、被災地のありのままを伝えてください」と、里見さんは車中で語りました。車は富岡町夜の森《よのもり》地区に入り、朽ちかけた家々、解体後の更地や伸び放題の雑草ばかりの無人の住宅地を通りました。突然、町中なのに通行止めのバリケードが道に現れて、「ここからが帰還困難区域です」。

車が向きを変えると、たどってきた1本の狭い路地の両側の景色が違って見えました。左手は普通の家並みですが、右手には格子状の金属のバリケードが連なり、かつての東西ベルリンの壁のようで

町を分断するバリケード（右手が帰還困難区域）＝2017年6月4日

す。福島第1原発から南に10キロの富岡町は、全域が警戒区域や計画的避難区域になった後、13年2月、最も放射線量が高い「帰還困難区域」、そして「居住制限区域」「避難指示解除準備区域」に再編されました。4月1日の避難指示解除から取り残されたのが、除染作業さえ行われなかった帰還困難区域です。それでも道路1本を挟んでの扱いの違いは、同じ街の隣人として住んでいた人々にはあまりに残酷だったと思え、解除になった区域の側も無人であることが、政府の判断などの及ばぬ被災地の実態を伝えました。

全長2・2キロの桜並木が有名な「夜の森公園」も、大半は帰還困難区域にあります。公園のうち、避難指示解除部分の約300メートルの区間が4月8日、7年ぶりの花見のイベントに開放されてにぎわったと報じられました。並木は緑の葉に変わり、近くのJR夜ノ森駅の土手に住民が50年かけて育てたというアジサイ約6000株も、除染ですべて

ＪＲ夜ノ森駅近くで放射線量を測る里見さん＝2017年6月4日

伐採されていました。里見さんが桜のある土手で放射線測定器をかざすと、表示された線量は1・16〜1・4マイクロシーベルト毎時。政府や町が「復興拠点」とする富岡駅前や公営住宅街などの線量は、除染の効果もあって0・1〜0・2でしたが、ここは高いままでした。

見せかけの「復興」

富岡駅前から夜の森地区に向かう車窓から、耕す人のない水田の中に立つ真新しいビルが見えました。「国際廃炉研究拠点」と富岡町の新しい地図に載っています。建物に「ＣＬＡＤＳ」のロゴがあり、日本原子力研究開発機構が運営する「廃炉国際共同研究センター」であると分かりました。この日の被災地ツアーから3日後、ウランとプルトニウムの保管容器の処理中だった作業員5人の国内最悪レベルの重大な被ばく事故を起こしたのが、同機構の茨城県大洗町の施設でした。富岡町の「国際廃炉研究」について、宮本皓一町長は5月10日の河北新報のインタビュー記事でこう語っています。

『――産業振興は。

「将来を見据えた企業誘致は欠かせず、中長期的に産業団地造成に取り組む。（第1原発の）廃炉に関する研究や作業に携わる企業などの集積を目指す」

――廃炉関連で4月、日本原子力研究開発機構（茨城県東海村）の国際共同研究棟が町内に開所した。

「国内外の企業などの研究者や学生が集まると期待している。町内には東電の福島復興本社があり、東電の旧エネルギー館は廃炉情報の発信機関になる。廃炉に携わる関係者が暮らすことは町の再生につながる」』

住民が望む「避難指示解除後」の町づくりの姿とは何でしょう。いまだ帰還困難区域によって町は分断され、住民たちの帰還やコミュニティー再生の動きは見えません。福島第1原発の立地に経済や財政を依存した原発事故前から、町は「原発」を「廃炉」に産業の看板を取り替えるだけで、東電をはじめ関連企業群への依存も続くのに、何を変えようというのでしょう。見せかけの「復興」を急ぐような寒々しさを感じざるを得ませんでした。

（この当時、帰還困難区域を抱える被災自治体に、政府が提示していたのが『復興拠点』。交通アクセスや街の機能、住民の居住などで拠点となる可能性がある区域を限り、集中的な除染を施して、帰還困難区域の住民の帰還を促す方策です。その後、富岡町はＪＲ夜ノ森駅の周辺などに『復興拠点』を設けて22年の一部解除を目指すことになりました）

増えるツアー参加者

ツアーの帰路は常磐自動車道富岡インターまで、深い草むらとなった水田風景が続きました。「ここも同じ、いまの日本と同時進行している日常、風景だ。誰でも、自分のいる場所とこの被災地を１つにして、いまの日本がある。ツアーに参加してくれた人たちに、そう話しています」「私たちは地元の農業、水産業を一番大切にしなきゃいけなかった。コミュニティー、田舎、環境、古里を。本当の暮らし方、生き方と真剣に向き合う仲間を増やしたい」と里見さん。

富岡町内では、ＮＰＯ法人「ふよう土２１００」の仲間が引率する、40人余りの被災地スタディーツアーのバスとすれ違いました。大手電話会社の社員一行です。首都圏などの大学のゼミ旅行も多いそうです。「参加者がたった1人でも大歓迎。その方が深く語り合える」。埼玉県から来たある年配者は、地元に帰ってツアーの体験を話し、町内会有志を引率して再び参加してくれました。「ニュースで分かったつもりでいたが、被災地の現実を見て心の底から悲しい」と感想を語った人もいます。被災地支援がきっかけで縁ができた人や、会員制交流サイト（ＳＮＳ）を通じてツアーは広まり、これまでに積み重ねた参加者は３５００人を超えます。里見さんはハンドルを握りながら語りました。

「私たちも原発事故では苦労をしたが、被災地の人は家も古里もすべて失った。元禄の昔から続く旅館を受け継ぎ、その重みは分かっている。代々のものを失うことを言葉では表せない。それを奪った原子力災害から目をそらさず、ごまかさず、きちんと向き合わなくては、と考えた。双葉の人たちの話をたくさん聴いてきた自分が、伝える役目を少しでも担えたらと思う」

「経営者」から生まれ変わって

車は出発地の湯本温泉に近づきました。温泉のホテル、旅館は11年3月以後、福島第1原発の事故処理などの作業員宿舎として政府の借り上げを受けて、一般客をずっと受け入れてきた宿は、12年夏に営業を再開した古滝屋と、スパリゾート・ハワイアンズだけでした。原発事故の風評も厳しいさなか、あえて苦難の選択をした古滝屋主人・里見さんはこう語りました。

「若いころは東京の住宅メーカーでバリバリの営業マンをしていた。いかにライバルを打ち破るかを日々の目標に、新人賞や成績優秀者の招待旅行に選ばれたりした。だから、湯本温泉に戻った時は、営業で自分にかなう者はいないと思っていた。旅行会社に売り込みを掛け、他の温泉地と価格のたたき合いになったり、ダンピングになったりしたが、そのころは140人いたスタッフが役割を分担し、古滝屋の集客力は強かったから、競争相手をたたき落とすようなこともよくあった。古滝屋の手作りではなく、旅行会社が作ったプランで呼んだ団体客が宴会をし、慌ただしく観光バスで去っていく毎日だった。自分も経営のことだけを考え、お客さんの顔も何も知らなかった」

「大震災、原発事故の前と後で、古滝屋の年間の宿泊客は9万人から1万5000人に減った。そこから新しい経営を努力した。私を入れてわずか数人で旅館を再開し、1人が何役もやりながらがんばり、いまは25人。ずっと赤字続きだった収支を4年目からとんとんにし、利益は震災前と変わらな

「原発事故があって、自分の生き方も変わった」と語る里見さん

くなった。そして今春、6年ぶりに新人を採用できた。震災前とは、お客さんの層も変わった。かつては古滝屋の名も覚えてくれないまま次に向かう団体客が主だったが、いまは毎日のように、私と縁のできた人が全国から泊まりにきてくれ、一緒に夕食の会話を楽しみ、モーニングコーヒーも飲むようになった。優しい心を持った人で館内が満ちているようで、近況を語り合う時間も生まれた。震災前よりいまの方が豊かで充実している」

「自分の生き方も変わったと思う。『原子力災害から、何を変えて、どう生きていくか』を、ツアーなどで出会う人たちと対話をしていくことが大切になった。原子力災害で関連死をした福島県内の人は2150人を超えたそうだ。数字で表現することは簡単だが、その1つ1つが尊い命なんだ。命のかけがえなさ、人が古里で健康に幸福に生きる権利が奪われた現実がここでは進行中だ。その無念の中で失われたものを新聞で確かめるたび、『いまを生きていることが奇跡なのでは』と感じ、『生かされた自分の命を何に、どう役立てていくか』に思いをはせる。そんな自分が、本当の自分だったのだと感じる」

「NPOの活動を始めて、全国に被災地のことを発信するようになってから、新たに知り合った人が『泊まるなら里見くんの旅館に』と仲間に紹介してくれた。その縁のつながりが沖縄から北海道まで、この6年間で想像もつかないくらいに広がっている。営業やマーケティングをして100人の匿名のお客さんを無理矢理引っ張ってこなくても、いまは、つながってくれた1人が100人の新しい仲間を紹介してくれる。それを力に古滝屋の歴史をまた開拓していこうと思う」

7年目の再出発でも晴れない精神科病院長の苦悩と怒り

2017年7月　南相馬市小高区

「福島原発事故は、この母なる故郷を永遠に奪い去った」。南相馬市小高《おだか》区にあった精神科病院の院長、渡辺瑞也さん（74）は、避難生活中の5年間をかけて、東京電力福島第1原発事故の実態究明を訴えた著書『核惨事！――東京電力福島第一原子力発電所過酷事故被災事業者からの訴え』（批評社から2017年2月刊行）の前文にこう記しました。小高区は原発から20キロ圏内にあり、16年7月に避難指示が解除されましたが、大半の住民は戻らず、104床あった病院の患者も避難を強いられて離散し、再開は不可能でした。突然のがんと闘病しながら再起を模索し、17年8月21日、30キロ余り北の福島県新地町に小規模な診療所を開設しました。そこで被災地の心のケアを再開しましたが、幕引きされようとする原発事故への自らの怒りは癒えていません。

東日本大震災の名を改めよ

「東日本大震災という名称は改められるべきである」という見出しが、『核惨事！』の序章にあります。「後代において、東日本大震災とは平成23年に起きた東北地方太平洋沖地震による津波被害を中心とした震災である、として語り継がれることはあるかも知れないが、これによって引き起こされた世界にも先例のない3基もの原発の連続炉心溶解貫徹（メルトスルー）事故のことは抜け落ちてしまいはしないかと危惧するのである」

渡辺さんは、「原発事故被災者／被害者」の1人として、災害の名称はそのような理由から不完全であり、新たに「東日本大震災・原発事故複合大災害」に改めてほしいと訴えています。時とともに北の津波被災地では、新しい町づくりや被災者の災害公営住宅への入居、農林水産業などの「復興」が進んでいますが、福島第1原発事故では廃炉作業に少なくとも40年と世代をまたぐ時間を要し、周辺市町村の被災地では放射性物質との未曾有の闘いが終わりなく続き、その脅威や影響は目に見えない――と渡辺さんは語ります。その中で、自身が不安に感じていることがあります。

11年3月11日、渡辺さんが院長であり運営法人の理事長だった小高赤坂病院は、大地震に続く原発事故ですべての入院患者を安全に避難させなければならない状況に迫られました。渡辺さんの決断で、年齢が比較的若くて体を動かせる患者38人を、副院長の引率で福島市内の5つの病院に転院させることができました。自身は14日午後7時ごろ、残る患者66人を大型バス7台に乗せ、いわき市内の高校の体育館の避難所を経て、受け入れ先となってくれた東京の病院に送り届けました。渡辺さんが感じた不安とは、その時、「原発からわずか18キロの職場に72時間余り居続けた」ことの健康への影響です。

「事故の翌年の12年ごろから歯がぐらついて、5本が続けて抜けた。14年には原因不明の不整脈が現れた。そして、翌15年11月に結腸がんが見つかった。検査の結果、ポリープ由来でない『デノボ型』で、一時は真剣にこの世との別れを考えたこともあった」。がんはステージⅡと分かり、手術と抗がん剤の治療で改善できたそうです。しかし、自身の発症から3カ月後、今度は奥さんがにわかに不整脈が危険な状態となり、「高度房室ブロック」として心臓ペースメーカーの埋め込み手術を受けました。渡辺さんと暮らしを共にしていた奥さんは原発事故の当時、3月12日から飯《いい》

著書『核惨事！』を手にする渡辺さん＝2017年5月11日、避難先となった仙台市の自宅

舘《たて》村経由で福島市へと避難し、原発から放射性物質が拡散した北西方向の地域に2週間避難していたといいます。

幅広い健康影響調査を

「その間に受けた初期被ばくがどの程度の量で、どんな健康被害が現れるかが分からない。それが不安の要因だった。それまで夫婦とも病気などしなかったのに、同じ4～5年の時間をおいて、不整脈や結腸がん、高度房室ブロックなどの臨床症状になって被ばくの影響が出たのではないか」。そうした疑いをぬぐいきれないと渡辺さんは言います。「身近な患者さんらからも『くも膜下出血で亡くなる人がいる』など、にわかな異変を聞いている」。これらは医師としての経験からの疑問ですが、筆者も取材現場で出会った人たちの周囲で、「原発事故がなければ、もっと長生きしたはずなのに」という予期せぬ不幸を耳にしてきました。それを原発事故と避難生活の疲れやストレスというだけで済ませていいのかどうか、釈然としなかった覚えがあります。

福島県は18歳以下の県民を対象に継続的な甲状腺検査を行っています。しかし、「これまでUNSCEAR（原子放射線の影響に関する国連科学委員会）が唯一原発事故との因果関連の可能性を認めてきた小児甲状腺がんと白血病だけでなく、それ以外の、例えば心臓血管系や脳血管系の疾患、さらには悪性リンパ腫や固形がんの発症や死亡例が、既に東日本全域で増加している可能性が高く」（『核惨事！』より）、もっと幅広い健康調査を――と渡辺さんは訴えています。「原発事故と健康障害の因果関係が科学的に検証されれば、治療や救済のための政策を立てなくてはならない。『原発症』という新しい概念の設定も必要だ。政府は避難指示解除で幕引きを急ぐが、健康への影響もなかったことにされてしまう」

国会では12年、「原発事故子ども・被災者支援法」が超党派で成立しました。長期にわたる健康被害防止や被災者支援が盛り込まれましたが、「その後はほとんど新規の施策は打ち出されず、それどころか理念を裏切るような支援打ち切りが次々と続いている」と渡辺さんは指摘します。政府、東電の加害責任を棚上げした「補償」や、年限を切った「特措法的対応」でなく、世界に例のない原発事故と被災者の被害と不安に向き合う恒久的救済策を、「東京電力福島第1原子力発電所過酷事故対策基本法」として実現させるよう提案しています。

「帰還促進」政策への疑問

「原子力緊急事態宣言が解除されていない原発の近傍に元の住民を帰還させるという、この完全に矛盾した恐るべき、そして驚くべき政策が進められているというこの現実を、我々は一体どう理解したらよいのであろうか」(『核惨事!』より)

1999年、茨城県東海村のJCO東海事業所の核燃料加工施設でウラン溶液が臨界状態となって核分裂連鎖反応が起こり、中性子線を浴びた作業員の2名が死亡、1名が重症となり、住民や事故処理の関係者ら400人以上が被ばくしました。この東海村JCO臨界事故を受けて翌年施行された原子力災害対策特別措置法に「原子力緊急事態宣言」があります。放射性物質や放射線が異常な水準で施設外に放出されるような緊急事態が起き、周辺の放射線量が一定基準を超えて、国民の生命、身体、財産に被害が生じた場合、首相が宣言し、原子力災害対策本部を置く、と定めました。福島第1原発事故では、11年3月11日夜、地震の影響で原発1号機への外部からの電力供給が失われるなど、電源喪失状態になった段階で当時の菅直人首相が発令しました。政府は福島第2原発について同年12月に宣言を解除しましたが、第1原発ではいまだ解除されないまま継続中なのです。

渡辺さんは「政府が原発事故被災地に対しての避難指示を解除し、避難先の住民の帰還を促しながら、緊急事態宣言を解除しないのはなぜか?」と疑問を訴えます。「危険が去らない状態であると政府が認めながら、住民を帰還させる政策を進める矛盾をどう説明するのか?」。放射線量が現在も高く未除染のままの帰還困難区域は手つかずのまま残され、第1原発そのものの廃炉への方策は暗中模索で、原発構内のタンクに80万トン近くもためられたトリチウム水(放射性物質を除去できない汚染水)の処分方法も未解決(現在は約85万トン)。それらの現実に加え、渡辺さんが政府の無責任さを指摘するのが「年間20ミリシーベルト以下」という放射線量の許容基準です。

根拠なき基準が独り歩き

原発事故後、政府は本来の公衆の被ばく許容限度である年間1ミリシーベルトを20倍に引き上げ、避難指示や除染、さらに避難指示解除の基準にも定めました。この数値は11年4月、当時の原子力安全委員会がわずか2時間で「妥当」と文部科学省に助言。同省は福島県内の小中学校の屋外活動時間の目安にも適用し、内外の批判を浴びて撤回しました。しかし当時、この問題で放射線専門家の欧州連合議員は、「原子力施設で働く労働者が5年間の平均で浴びてよい数値なのだから、それを子どもが浴びていいはずがない」「(緊急時の基準としては)非常に限られた期間のことだ。最大で3～6月くらい。その後は被ばく線量が年間1ミリシーベルトになるような対策をとらないといけない」(同年6月29日の『河北新報』)と指摘しました。

その後も、根拠の曖昧な基準が1人歩きしました。政府の「原子力災害からの福島復興の加速のための基本指針」(16年12月)は、避難指示解除後、「個人が受ける追加被ばく線量を長期目標として年間1ミリシーベルト以下になることを目指していく」と明記しています。しかし、具体的な方策や時期の目標は何一つ書かれていません。

「ここに流れている基本思想は、重大被ばくによる急性期健康障害さえ回避できれば、ある程度の住民被ばくはやむを得ない、という人命・人権軽視の考え方である」。『核惨事!』でこう指摘した渡辺さんは訴えます。「避難指示が解除されれば、避難者は帰還するのが当然であり、帰還しないのは勝手な自己判断なのであるから補償や支援は無用である、という政治側の論調が強まり、東電の賠償も次々に打ち切られた。さらに、帰りたくても不安で帰れないという人たちも自動的に自己責任の自主避難者という扱いにされてしまう」

この著書の刊行から2カ月後の17年4月4日、当時の今村雅弘復興相が自主避難者について言い放った「本人の責任、判断」「裁判でも何でもやればいい」などの言葉は、そのまま政府の本音とも言えました。「この環境下で生活することに同意していない人に居住を強要し、健康障害が出れば、政府は傷害罪にも問われかねない。そうした訴訟への防衛策として原子力緊急事態宣言を続けているのではないか」と渡辺さんは疑っています。一方的な避難指示解除と当事者の不安が生み出したもの

原発事故以後、休業状態の小高赤坂病院＝2017年5月5日、南相馬市小高区

が、帰還者がいまだ1割前後という被災地の風景ではないのでしょうか。

新天地での再開、戻れぬ小高

渡辺さんの避難先である仙台市泉区の家でのインタビューからふた月余り後の7月20日、福島県新地町の新しいクリニックの建設地を訪ねました。東日本大震災の津波で大破したJR新地駅の駅舎と線路が再建され（16年12月10日に運行再開）、そのすぐ東側（海側）に新規計画された造成地の一角にベージュ色の平屋の建物がほぼ完成していました。渡辺さんに案内された内部には、診療室が2つ。温かみのある白の壁に、ふんだんに使われている木材の明るい茶色がよく調和し、受診に訪れる人々の心を和らげるよう配慮されています。

「かつての病院と比較すれば、小規模な診療所となりますが、長らく休業状態にある、小高赤坂病院で行ってきた精神科医療を、ここ新地町において再

開業が間近となった当時の「新地クリニック」と渡辺さん＝2017年7月20日

開し、ささやかながらも、地域の皆様に貢献して参りたいと思います。何とぞよろしくお願い致します」

開院を前に新地クリニックのホームページには、常勤の院長となる岩渕健太郎医師のあいさつが載っています。運営主体の医療法人理事長である渡辺さんも、週数回の診療に入るつもりでした。

「もともと小高赤坂病院の新地町への移転を考えていた。町長に会って別の予定地を想定し、設計図も作った。休業した小高の病院への東電の営業補償は、移転資金の上でも必要で当然続くものだと思っていた。ところが、14年になって東電と政府から『あと1年で打ち切り』とされた。旧警戒区域（原発から20キロ圏）施設の移転については、福島県から5分の4の補助が制度としてあったが、それも半分以下に削減されてしまった。大きな病院の移転・再開は不可能になり、せめて入院施設のないクリニックを開設しようと、新地町長に再度の相談をし

解体工事現場と更地が目立つ小高の街＝2017年5月5日、南相馬市

たのだった。幸いなことに町は開設を歓迎してくれ、ここまでこぎつけることができた」と渡辺さんは苦労を語りました。

「福島原発事故に遭った被害者に対する損害補償において、農林水産業を除く産業分野と個人への補償は、実質的に事故からまる7年後の2018（平成30）年2月で全てが打ち切られようとしている。これに対して大多数の被害者は、到底納得できるものではないとの思いを強く抱いている。これに対して直接の被害者ではない国民や被害者とは断定されていない被災者の中には、賠償に対するこうした被害者の要求を過剰なものとみなして批判的な意見を持つ人もいる」「被害者が分断させられ、被害者同士が反目させられ、地域が分断され、ややもすると被害者のほうが加害者よりも悪人扱いされかねないような誠に悲しい現実が起きている」（『核惨事！』より）

やむなく被災地となった古里への帰還を諦め、避難先に家を新築したりすると「賠償御殿」などと揶揄されたり、「お金をもらえていい」などと言われたりし、気を病んでさらに遠くへ移住する人も少なくないと渡辺さんは言います。「福島から他県へ避難した子どもたちが差別され、いじめに遭うという社会問題化した現実もこうした文脈にある」

帰還者はどこに

渡辺さんが東北大医学部精神科助手などを経て小高赤坂病院を開設、院長になったのは81年。30年余りの歴史を共に歩んだ病院の現地再開という選択肢はなかったのでしょうか。

「それは不可能だった」と渡辺さんは言います。17年6月末の取材に南相馬市は「小高への帰還者は2359人、住民登録人口に対する居住率は24％」と回答しましたが、地元をよく知る渡辺さんは「元から住んでいた人の実数から見れば、13％ほど」と言います。4月に小高区の小中学校が再開され、小高産業技術高が開校しましたが、「朝の通学時間帯が終わると、駅前の通りには工事関係の車しか通らない。家々の多くは解体されて更地になり、いったい帰還者がどこにいるのか分からない。町の姿を目にするたび、ため息が出る。病院の患者さんも散り散りになってしまった」。避難指示解除の名のもとに捨て置かれるも同然の被災地の現実に、渡辺さんの苦悩と憤りは癒やされぬままです。

「3月11日」から6年半の荒廃
遠ざかる古里を見つめて

2017年8月　浪江町

東日本大震災、東京電力福島第1原発事故から間もなく6年半を迎えようとしていた2017年8月23日。1万8173人の登録住民数のうち、帰還者はわずか286人（7月末現在）と聞いた福島県浪江《なみえ》町。JR浪江駅は再開し、町役場の隣に仮設商業施設もできましたが、商店街で目に入るのは地震直後のまま壊れた建物や解体工事現場、更地、伸び放題の雑草。家々も動物の侵入などで内側から荒廃していました。避難指示を3月末に解除された町で家屋を巡って損壊状況を調べ、人知れぬ惨状に日々触れる応急危険度判定士の1人に、北隣の南相馬市で再起した会社経営者、八島貞之さん（49）がいます。原発事故後は名物「なみえ焼きそば」のイベントを企画し、住民を元気づけようと活動しましたが、古里の同胞はばらばらに遠のいていくばかりです。

人けない浪江町の商店街。多くの建物が震災当時の傷をさらしている＝2017年8月23日

無残に荒らされた家々

「見てください、人の不幸につけ込んで……」。シャッターを閉め切った店内の暗がりに、家主の声が力なく響きました。浪江町の商店街で創業75年の時計・宝飾の店。八島さんら2人が組んだ応急危険度判定士の巡回チームに同行し、立ち会った70代の家主夫婦の案内で店舗の内部に入ったときのことです。「足を切らないようにね。ガラス片が散乱しているから」。懐中電灯で店内が照らされると、こう注意された意味がのみこめました。商品が陳列されていた分厚いガラスのケースがめちゃめちゃに割られ、100万円を下らない高級腕時計や真珠のネックレスなど、高価な品々ばかりが盗まれていたのです。2011年3月11日の大地震の後、福島第1原発事故が起きて町内に避難勧告が出されて、夫婦は同居の家族7人で福島県葛尾《かつらお》村、二本松市など5カ所を転々

荒れ果てた民家を見つめる八島さん＝2017年8月23日

とし、知人のいる神奈川県伊豆まで避難しました。
「その間にオートロックの入り口を壊され、泥棒に入られたんだ」
頑丈な鉄骨造りの建物から家財道具だけは運び出され、掃除もされていましたが、玄関先の天井に雨漏りの跡が広がり、2階の台所にはむっとする臭いがこもっていました。「ネズミのふんが山のようにあった。下水から侵入したらしいの。食べ物を残して避難したから、食べ尽くしたのだろうね」と、案内してくれた奥さん。「先行きが真っ暗でした。どん底の日々を送り、いまは郡山市に一軒家を借りてやっと落ち着いた。息子は北関東に仕事を見つけて家族と移り住み、私たち夫婦だけでの帰還は無理。店には何もなく、この年齢で借金など背負えない。隣近所の店も戻らず、もはや商売はやれない」と深いため息をつきました。

あらゆる動物が侵入

「浪江町」のステッカーを貼った八島さんらの軽ワゴン車は、背の高い夏草が目立つ人けない商店街を抜け、次の調査場所である町外れの2階建ての民家で止まりました。立会人の家主は都合で来ておらず、2人は外壁を見ながら庭に回りました。古いだけで目立った傷みはなさそうでしたが、庭には、除染作業の後に敷かれた山砂にくっきりと動物の足跡が続いています。「イノシシだ。このあ

▲動物の侵入で家財が散乱した家を見て歩く八島さん＝2017年8月23日

◀庭にくっきり残るイノシシの足跡＝2017年8月23日

たりをわがもの顔で歩いているんだ」と八島さん。庭の端の物置の扉は開けられ、中が荒らされていました。縁側のガラス戸も開いたままで、雨風が容赦なく吹き込み、障子はぼろぼろ。居間や台所、洗面所などにあらゆる暮らしの品々が散乱しており、廊下や敷物は一面どす黒く汚れています。「ネズミのふん尿だな。ひどい臭いでしょう」。天井に大きな穴が開き、カビが褐色の大きな楕円を描いていました。「雨水が天井裏の断熱材に染みると、配線に沿って広がり、どんどん家を腐らせてしまう」。八島さんの相棒の判定士は「イノシシ、ネズミだけでなく、ハクビシンの被害もあるようだ」と言います。「やつらは雨といを上って天井に入り込むんだ」

軽ワゴン車はそれから町の中心部に戻り、閉鎖状態の大きな病院の前で止まりました。2人は通行する車もない道路を渡って民家に向かうと、高々と生い茂った雑草の中に家主の70代の男性が待っていました。防犯のためか、玄関は古い冷蔵庫や一輪車、金属製の棚などでバリケードされ、八島さんらはそれらを移動させて入りましたが、家に満ちていたのはむっと蒸し暑く、カビ臭い空気。施錠されていましたが、台所、居間、洋間と続く内部は、大小さまざまな家財道具が足の踏み場もなくぶちまけられ、段ボール箱はどれも動物の鋭い爪のひっかき傷、歯のかみ跡でぼろぼろになっています。この日見た現場では一番ひどい状態でした。「勝手口のアルミドアに穴が開けられているでしょう。イノシシだ。薄いアルミの板なども簡単に破るんだ」と相棒の判定士が教えてくれました。イノシシが破った穴から小動物たちが後に続き、餌を求めて荒らしたというのです。

八島さんらは惨状をカメラに記録しながら2階にも上がって見回り、「やはり動物にがちゃがちゃとかき回されている。ハクビシンですよ。入り込むだけじゃなく、巣にしてたのかもしれない。そ

遠い避難先から来た家主の落胆を聞く八島さん＝2017年8月23日

れにネズミ。ふんがたまってひどい」。避難生活をしているいわき市から来た家主に、「家の中は、荷物を置いて避難したままの状態ですか」と尋ねると、「そう。持ち出すどころではなかった。それから関西に避難したので、なかなか様子を見にも来られなかった」。無念と戸惑いが混じった表情で「この先のことは正直、判断がつかなくなった」と漏らしました。「原発事故の当時はもう帰れないと思ったが、ようやく今年3月末に避難指示解除になり、町は『再建に補助金を出すから戻って』と呼び掛けている。上限まで借りて何とかなるか、と希望も湧いたのだが、現実にこうして家の有り様を見てみると……」

２０００軒の家屋を調査

応急危険度判定士の活動はボランティアで、家主の住宅被害認定調査の自治体への申請を受け、災害などで被災した家屋の損壊状況を調べて判定します。東日本大震災では、東北の被災3県で全半壊が約36万棟に上り、判定士の資格を持つ自治体や民間の建築士らが休みなく歩きました。被災した建物撤去の段階が過ぎた津波被災地と違い、避難指示解除から間もない原発事故被災地では家々の調査が遅れ、地元の判定士たちが活動に追われています。八島さんは浪江町民で同県建築士会双葉支部の会員。仕事の傍ら週2回、古里を巡回し、調査の判定を基に環境省が家屋を解体します。大震災、原発事故の翌12年から活動を志願し、これまで同じ双葉郡の楢葉《ならは》町、富岡町も含め約２０００軒を調査してきました。「阪神淡路大震災に衝撃を受け、それをきっかけに、自分もどこか被災地のために役立てたらと考えて資格を取った。よもや自分の古里で活動するとは思いもしなかった」と言います。

歩いてきた現場は、この町を外から眺めては決して目にできない光景ばかりでした。八島さんはこう振り返ります。「活動を始めた12年には、住民たちの避難で置き去りにされた犬や猫が町中をうろついていたが、やがてその死骸がごろごろと多くなり、カラスがおびただしく増えた。13年には、全く『無音』の異様なゴーストタウンがどこまでも広がっていた。イノシシなど野生動物の姿も見かけるようになり、やがて数を増やして家々に侵入するようになった」

「イノシシ、サル、ハクビシン、タヌキ、それからアライグマも多いと聞く。それらが窓、ドアを破って室内を荒らし、荒廃はどんどん進んだ。震災の影響よりも、直接的には動物の被害の方が大き

浪江町内を巡る応急危険度判定士チームの車＝2017年8月23日

いのではないか。ふん尿の汚れと臭い、カビ、雨漏りと腐敗、ばい菌。これまで見た大半は解体するほかない状態だった。家屋の外からは想像できないだろう」

避難指示解除になって、浪江町には大勢の住民が帰っているのだろう。原発事故は終わって、被災地はいまごろ復興しているのだろう――。「そう思っている人が多いのではないか。避難指示解除を伝えたニュース報道には映ることのなかった、見えない現実があるということを知ってほしい」と八島さんは訴えます。避難先から家屋調査に立ち会った末、わが家、わが店の惨状に帰還へのわずかな希望もなくしていく――。そんな同胞たちが切ない表情で古里を後にするのを見る度、八島さんはやり場のない憤りのような思いを募らせます。

500枚の年賀状が100枚に

浪江町から車で15分ほどの南相馬市原町区に、八島さんの経営する株式会社「八島総合サービス」があります。建物の管理・清掃をメインの業務に、土木・建築、交通の誘導も請け負っています。16年に発足したばかりですが、それ以前の社名は「八島鉄工所」。もともと浪江の町中にあり、戦前から農具を作っていた鍛冶屋の祖父が1950年に創業しました。戦後の高度経済成長の時代、農村にも耕耘機が普及し始め、祖父も農業機械販売店への転業を勧められましたが、長年の愛着から鍛冶屋を続け、それが功を奏してか、農業機械の車庫にする鉄骨の納屋造りの注文をたくさん受けて、ついには鉄工所の看板を掲げたそうです。八島さんは3代目。普通高校への進学を希望しましたが、「お前は跡取りだから」と祖母に説得されて工業高校に進み、20歳の時、父親の下で家業に就きました。代々の仕事のつながりが深い地元の建築業者の現場を中心に鉄骨工事を担ってきた人です。

八島さんを初めて取材したのは13年。自身も原発事故の避難者でした。その時、「町中の鉄工所にクレーン付きの工場があり、30人の従業員がいた。（原発事故直後の全住民の避難で）私は家族と二本松市（浪江町が仮役場や仮設住宅を設けた）に避難し、それから何とか仕事を再開しようとしたが、鉄工所の溶接工の職人もばらばらになった」と語っていました。

当時、奥さんと2人の子どもはいわき市、両親は郡山市に離れて避難生活を送り、八島さんは11年9月から（宮城県境の）新地町で、津波で被災した東北電力の火力発電所の復旧工事に携わりました。1年後に南相馬の別の場所で事務所を借りて「八島鉄工所」の看板を再び掲げることができました。「その間ほど苦しい時期は人生でなかった」と振り返ります。当時の取材でこんな話も聴いていました。「初めは、元の鉄工所の職人たちに声を掛けたけれども4人しか戻らず、新地町や隣の相馬市などで新たに従業員を雇用した。だが、彼らが以前勤めていた地元の会社から『引き抜きをやられた』『原発事故の賠償をもらっているのに、よその土地の仕事を荒らしている』と悪い評判を立てられたんだ。誤解を解こうとしても相手から拒まれ、精神的にも追い込まれた。暑い中で砂利を運び、テトラポットを造り、慣れない仕事でどろどろになって働いた末に、もう頑張れないと思った」

再出発した八島鉄工所の仕事を取材したのは13年暮れ。やはり避難指示が出されていた南相馬市小高区《おだか》で、復興工事の資材となるセメントの工場建設現場の鉄骨工事を請け負っていました。「いまの仕事量は震災前の2割しかない。でも、(小高区は浪江町と隣接し)地元に近い現場だし、浪江の土木業者との仕事で、やりやすいのがいい」と、ヘルメット姿の八島さんは張り切っていました。しかし、八島鉄工所の規模の業者が参加できる復興関連の建築工事は減り、除染や土木事業、一般住宅などの木造工事に比重は移りました。「もともとは浪江町のお店、倉庫の建築の仕事が中心だった。ところが、昔なじみの事業所は避難指示が解除されても町に戻らず、自然、仕事は少なくなった。町で目立つのは解体工事ばかりで、浪江ではもう商売が成り立たない」

原発事故前、八島さんはお得意さんらに約500枚の年賀状を出していましたが、「いまは100枚に減った」。

「何でもやるしかない」

八島総合サービスは南相馬市原町区の津波被災地に近く、家を失った住民たちが集まる住宅地の一角に新しい事務所ビルがあります。本業の鉄工所の先行きが厳しくなった中で、「大手ゼネコンなどが、建物の清掃や管理、メンテナンスをやってくれる業者が地元にいなくて困っている」と聞かされ、それが思い切った転業のきっかけでした。原発事故の直後、人口7万のうち約5万人が避難指示や自主避難で街を離れた南相馬市内では、とりわけ子どもと女性の姿が見えなくなり、しばらくはハローワークでも「女性従業員の求人は難しい」と言われました。「13年暮れから14年にかけて募集すると、ようやく40代の女性が集まるようになった。さまざまな商売が相次ぎ再開されるにつれて、原発事故前にサービス業の担い手だった主婦たちが家族と一緒に戻ってきたからだ。ようやく人材確保ができるようになり、本業の苦境とは裏腹に、新しい仕事が回転し始めたんだ」

そして、八島さんはこう続けました。「『鉄工所をやめて清掃業をやるのか』と知り合いから言われたりして、初めは抵抗があった。だが、『何でもやるしかない』と従業員と話し合い、周囲からも助言をもらって頑張ってきた」

浪江町のある双葉郡での原発事故前の営業エリアはほとんど消滅しましたが、八島さんは従業員と共に、復興事業の関連工事で進出した企業の新規開拓はもちろん、それまで縁のあった取引先にも売り込みに歩きました。避難指示が一足早く15年9月に解除された楢葉町や、富岡町（17年4月1日に解除）にも出先の事務所を開き、「地元の支援になればいいと、少しずつ戻り始めた住民の雇用に力を入れている」。

鉄工所時代から建築業者と一緒に仕事をしてきて、建物の現場に強みがありました。「管理を請け負うのは、空調から壁、床まで建物の全体。古くなった箇所のリフォーム、クロスの張り替え、部屋の改装、フロアの改造もある。工務店やサッシ業者にも知り合いがおり、現場のやり取りの中で新しい素材や商品の情報をもらい、自分の持っているノウハウも含めて、お客さんに提案している」。こつこつと信用を重ねて、仕事量がぐっと増えたのが16年。「こっちもやってもらえないか」と声が掛かるようになりました。

新規開拓の「八島総合サービス」を切り盛りする八島貞之さん＝2017年8月17日、南相馬市原町区

八島総合サービスの従業員は現在46人、うち女性が20人で全員が正社員です。清掃、管理を請け負う現場は7カ所あり、下請けの作業員も含めて計80人で

切り盛りしています。「たまに鉄骨工事の声も掛かり、土建業の許認可も得たので、新規開拓のつもりで仕事を請け負うこともある。だが、清掃、管理が売り上げの8割を占めて、いま本業になった」

双葉郡の現場には、地元のいわき市、南相馬市などに避難した従業員に通ってもらっており、楢葉町に家を建てて地元で働いている人もいるそうです。「鉄工所を再開しようとして異郷の同業者のあつれきにぶつかったころは、自分の仕事だけで精いっぱいだった。いまは、被災地になった同胞と地域のために力を生かしたい、それが一番の仕事だと思えるんだ」

「浪江焼麺太国」の太王

「復興なみえ町十日市祭」。原発事故の後、浪江町の仮役場や仮設住宅が二本松市に設けられた縁で、JR二本松駅前で毎年11月、町伝統の「十日市祭」が町民の交流行事として催されていました(避難指示解除で17年から浪江町で復活)。あちこちの避難先から集う人々が楽しみにしたのが、もちもちした太麺が特徴の「なみえ焼きそば」。13年に初めて取材した際、町商工会青年部が運営する屋台の前には長い列ができました。やはり避難中の浪江小の児童たちが手伝いをし、励ましたり笑わせたりしていたのが元青年部長の八島さんでした。ナポレオン風の黒い二角帽子、真っ赤なコート、金色のマントという派手な装いで「浪江焼麺太国の太王」に扮していました。原発事故前から仲間と「なみえ焼きそば」で町興しをしようと太王役で各地のイベントに出前し、13年には「全国に避難中の町民を元気づけよう」とご当地グルメの祭典「第8回B－1グランプリ」(愛知県豊川市)に出場。浪江焼麺太国の代表として、なみえ焼きそばを見事優勝に導きました。

「浪江焼麺太国」の太王になって浪江小の子どもたちと交流した八島さん＝2013年11月23日、二本松市

「仲間づくりで始めたことだが、メンバーたちが郷土愛に目覚めてしまい、原発事故の後は『浪江の人たちを元気にして避難生活を乗りこえよう、全国に浪江を発信しよう』を目標に夢中で活動した。週末ごとに県内外の避難先から16人ほどの有志が集まって、全国各地に焼きそばを作りに出掛けたものだ」

活動は16年まで続きましたが、17年3月31日で浪江町への避難指示が解除されて、それを機に、浪江焼麺太国の代表を辞めました。「『原発事故前の日常を取り戻すまで頑張りますからね』と以前、地元テレビの取材に答えたことがあった。現実にそうなってはいないが、一応のけじめだった」と八島さん。しかし、活動を喜んでくれた人ばかりではなかったといいます。

「避難生活を続ける人たちは、まだま

だ行く末を悩んでいる。新しい生活拠点を別の土地に作った人も、仮設住宅にとどまっている人もいる。浪江焼麺太国の活動がテレビに出る度、いろんな所で不快に思われていた人もいた。『あんたたち、賠償をもらっているんでしょ』『商売がうまくいってるから余裕あるんでしょ』といったことを、取引先で言われることもあった。休日を犠牲にしてのボランティアなのに、自分の会社でも『社長は遊んでいるのでは』と思われたかなあ。活動のメンバーも同じ思いをしていたかもしれない」

「涙がこぼれた」

なみえ焼きそばと古里・浪江町の名前、被災地の声を全国に発信した役目は果たしましたが、「遠路の出張活動は家庭的にも負担が重かった。子どもたちとの時間がなくなった」と八島さんは寂しさをにじませました。前述のように、奥さんと2人の子どもは義父母の実家があるいわき市で暮らし、二本松市に避難した両親も現在はいわき市に移って家を借り、八島さんは南相馬市での単身生活を続けています。活動をやめてからは毎週末、常磐自動車道で家族の元に通っていますが、「娘は来年、東京の大学に進学したいという話になり、なおさら離れていくようで寂しい」。

13年12月31日の筆者のブログ『余震の中で新聞を作る108〜離れても、浪江を忘れず・その2／焼きそばの意味』に、八島さんから当時聞いた話をこう記しています。

『「今年（13年）の夏、茨城県の笠間市から浪江町の子どもたちを招待するイベントがあったのだが、小学4年の長男は『行かない』と言った。なぜ?と問うと、『だって、夏休みは、こっち（いわき）の友だちと遊ぶ約束をしているから』と答えた。それを聞いて、ああ、だめだな、と思った。古里につなぎとめたいという大人の気持ちとは別に、この2年半余りの間、子どもには子どもの人間関係ができて、それを守るのに必死なのだな、と」』

娘さんはある時期、父親と話さなくなったといいます。理由を聞くと、太王の姿がテレビでも知られるようになり、「あのお父さん？と、学校で言われるのがいや、と言った」。娘さんは12年3月、当時の避難先の新地町で小学校を卒業し、その折、6年間の思いを込めた「親への手紙」を書きました。こんな内容だった、と八島さんが話してくれました。

「震災があって、私は浪江を離れて2回も移動したけれど、悪いことばかりじゃなかった。お父さんも頑張った。浪江の友だちは今まで通りだし、学校の絆は強まった。新しい友だちもできた。だから、心配しなくていいよ」

「いいことばかり書いてくれた。こんな（太王の）格好をしていては恥ずかしいのか、と思い、肩身を狭くしていたんだ。そんな手紙をもらって、涙がこぼれた。うれしかった」

再びまとまれる場所

「〈原発事故〉来春再開の小中『通学せず』95％　福島・浪江の保護者調査」という記事が河北新報に載ったのは8月23日。町教委が18年4月に再開する予定の小中学校に子どもを通わせるかどうか、避難先の保護者に問うたところが、95・2％が「意向なし」と回答しました。原発事故前、町内には約1700人の児童生徒がいましたが、全国47都道府県に避難、転校し、子どもたちも新しい人生を歩んでいるのが現実です。

「皆さん、頑張っていきましょう」「全国の浪江町民の住む町へ出張販売致します」「つくばで息子達と再開致しました」「浪江町の復興のお役に立てればと思いながら日々頑張っております」——。

八島さんが工業部会長を務めている浪江町商工会のホームページ。「事業再開情報」に会員たちのメッセージが載っています。再開先の住所を見ると、本宮市（福島）、相馬市、福島市、南相馬市、つくば市……。それぞれに語りつくせぬ苦難の物語があるのでしょう。古里に戻ったのは、八島さんの青年部時代の仲間では電気店が1軒だけ。家屋調査で町を巡回すると、いろんな人と偶然に再会し、声を掛け合うといいます。「『いま、どこにいるの？』から話は始まるが、避難生活が長くなって、もう帰りたくても帰れなくなったという事情を異口同音に聞かされる」

このままでは町民がどんどんばらばらになっていくだけ。どこかに、再びまとまれる場所をつくってほしい——。原発事故の後、八島さんが浪江焼麺太国の仲間だった商工会青年部有志と二本松市の仮役場に馬場有町長を訪ねた時、焦りと危機感からこう提案したそうです。しかし、話はすれ違い、その場限りとなり、町民それぞれの生き直しの道も分かれていきました。

原発事故からの歳月とは、何だったのか——。八島さんの自問は続いています。

被災地に実りを再び
食用米復活を模索する篤農家たち

2017年9～10月　飯舘村～南相馬市

実りの秋という言葉も情景もなくなったかのよう。東京電力福島第1原発事故から6年を経て避難指示が解除された福島県飯舘《いいたて》村。除染が行われた計1260ヘクタールの水田には土色の荒れ野が広がったままです。「飯舘のコメは風評で売れない」と大半の農家が諦め、2017年の稲作再開はわずか8人。孤独を背負いながらの挑戦です。隣の南相馬市でも風評への懸念から、農家たちは牛、豚の飼料米作りで収入を保っています。「消費者に食べてもらうコメを再び作らなくては、復興と言えない」と悔しさを語りつつ、新たな生き方を模索します。

長雨と低温の夏

17年の夏、仙台地方気象台は7月22日から連続36日間という史上最長の長雨を観測しました。戦前の「昭和の大凶作」があった1934（昭和9）年の記録（35日間）を超えて、日照不足と異常低

除染土の仮置き場が水田に居座る八和木地区＝2017年9月28日

温は9月も続きました。「哀れ、貧故の自殺」「涙と共に出稼ぐ女性群」「お辨当なき児童　岩手縣下に八千名」「東北の地に雪訪れて　飢饉に泣く窮民」――34年の秋から冬の東北から河北新報が報じた大凶作の惨状です。その2年前に「サムサノナツハオロオロアルキ」と、宮沢賢治が「雨ニモマケズ」に記した時代の再来はもはやありえませんが、9月末に訪ねた飯舘村は肌寒い雨空の下、荒涼として見えました。避難指示解除から半年を過ぎても、各集落に人影はなく、除染作業で土をはぎ取られた沿道の農地に「出来秋」の色もありません。

　村役場から車で10分ほど。里山に囲まれた八和木《やわき》地区の小盆地では、緑色のカバーをかぶった除染土の仮置き場が水田に広大に居座っています。搬出時期の見通しも立っていない除染土の山々の周縁を進むと、にわかに鮮やかな黄色が目に飛び込んできました。目指す高野靖夫さん（63）の水田で、計1・6ヘクタールのコメ作りをしていると聞きました。

避難中に増えたイノシシに備え、高野さんが張った電気柵＝2017年9月28日

村に帰還する住民には「口に入るものでなく、花を栽培する」といった営農再開を目指す人が少なくなく、政府の復興支援による無償貸与のハウスが建ち始めています。いまだ厳しい風評を避ける現実的選択ですが、あえてコメ作りに挑む人の思いを聞きたいと思いました。

ひとめぼれの黄色い稲穂は、数日来の雨を含んで重く垂れ下がり、水田いっぱいに乱れ模様を描いていました。「まだ倒伏はしないが、万が一にも田んぼの泥に除染で残った放射性物質が混じっていないとも限らない。普通に刈り取りできれば大丈夫だと確信しているけれど」。青い作業着の高野さんは、地元で「再開元年」となるコメ作りに神経を配っていました。7枚の水田にはぐるりと電気柵が回されています。「電流が通っているから気をつけて。イノシシよけだよ。避難中にイノシシが増えて、電気柵がないと全部荒らされる」

コメを作れると確信

原発事故が起きて翌々月の11年5月半ば、八和木の人々は全住民避難を前に「お別れ会」を開き、それぞれの避難先へと離散しました。高野さんは妻笑子さん（56）と共に福島市内で、アパートを経て一戸建ての借り上げ住宅で暮らしてきました。もともと和牛50頭を飼って繁殖、肥育を営みながら、栽培受託を含めて水田4・4ヘクタールで「ひとめぼれ」を作りました。無人になった飯舘村で、農林水産省が11年6月から水田の除染実験（汚染土のはぎ取り）とコメの実証栽培を始めると聞き、高野さんは参加を希望しました。

「先はどうなるか分からないけれど、動かないではいられなかった。やってみたいと役場に伝えたら、OKをもらった」。ほうれん草を作っていたハウスで田植え用の苗を育て、水田70アールを使って、つくば市にある同省の農業研究機関と協働しました。実証試験は3年にわたり、高野さんは同村小宮地区や帰還困難区域の長泥《ながどろ》地区、役場に近い伊丹沢地区でも3年間、引き受け手のいなかった実証試験のコメ栽培も担いました。「やっぱり、やってみないと分からなかった。八和木の自宅の田んぼでは、最初の年こそ収穫後の玄米で17～22ベクレル（1キロあたりの放射性物質）ほど出たが、3年目には白米がゼロ（検出限界値未満）になった。3年間やってみて、飯舘村で再びコメを作れると確信した」

孤独と困難を背負い

避難指示解除後の初めてのコメ作りは、しかし、仲間のいない孤独を背負いました。水田の除染では、放射性物質の混じった表土をはぎ取った（厚さ5センチ）後、山砂が客土され、村内の水田は見渡す限り真っ白な砂漠状態に。農家たちから「これで農業を再開しろというのか」と苦情が上がり、同省は急きょ「地力回復工事」という1年掛かりの工程を追加し、放射性物質の吸収抑制効果もあるカリを含めた基本肥料をすき込みました。が、高野さんはプロの農家として「やってもやらなくても影響のない役所仕事」と、全住民避難の際に競売されて村から消えた牛のたい肥を外で買い求め、1人で土づくりを始めました。

さらなる問題は除染の後遺症。農家は代々、滋味豊かで軟らかい耕土をはぐくんできましたが、それを根こそぎはぎ取られた上、その下の耕盤層を重機の縦横の作業で踏み固められたのです。「一番の問題は『水平』が失われたこと。水田の土は真っ平でないと、均等に稲を育てられない。去年秋、村からレーザーレベラー（均平作業車）も借りてならし、念入りに代《しろ》かきをしたが、それでも平らでなく、管理が難しかった」と振り返りました。

八和木地区は放射線量が比較的低く、除染と地力回復の工事も早く終了。帰還の意向を持つ住民が多く、26戸の集落ぐるみの共同作業も15年から復活したそうです。「避難先から集まり、春と夏、水田に引く水路の泥上げ、草刈りをやってきた。側溝はイノシシが餌を掘って崩して、埋まった所が多い。今年、コメ作りを再開したのは自分だけだから、水源の堰《せき》のそばの水田を借り、下に流して水浸しにしないように気を遣った」。ただ、水田の水管理と稲刈り前の乾燥に必要な暗渠《あんきょ》（地下の排水調整管）も除染作業の重機に壊されたままです。高野さんを取材したこの日も、水田は長雨でぬかるんでいました。

風評との厳しい闘い

収穫するコメは全量、食料米として郡山市の流通業者に買い上げてもらう予定でした。試験栽培で協働し、飯舘村を支援してきた農水省関係者がつないでくれた縁だといいます。そうした支援がなければ、避難指示解除から間もない飯舘村産のコメがすぐに市場に「売れる」のは難しかったかもしれません。「２０１４年産米ショック」という苦々しい記憶が東北、とりわけ福島県の農家にはありま す。３年前、主要銘柄米の米価（60キロ当たり概算金）が軒並み3割前後も下落しました。当時20万トンを超えた市場のコメ余りを反映したと言われましたが、福島県浜通りのコシヒカリはいきなり４２００円も暴落。「作れば赤字」という米価で、被災地でコメによる農業復興を不可能にしました。「原発事故の風評が織り込まれた」と飯舘村の農家の多くが憤り、諦めの中で営農再開意欲を奪われました。しかし、17年産米は様変わりしたように値上がり。同省が補助を行う飼料米の栽培が増えてコメ余りが緩和され、外食産業の需要も高まったからだといいます。福島のコメはやっと暴落分を解消しましたが、他県は一歩先んじて、高値のブランド米の売り出しで競争しています。流通現場では、地元を除いて「福島県産」ではなく多くが「国産米」で出回っている現実もあります。放射性物質で同県独自の厳しい全袋検査が継続され、もはや安全が証明されて味も良いのに、風評が市場で固定

長雨と低温に耐えた水田に立つ高野さんと妻笑子さん＝2017年9月28日、飯舘村八和木

化され、安く便利なコメと扱われているからです。

「風評とは何か、原発事故以来の経験を通じて、みんな学んできたはずだ。試験栽培をしていた時、コメを農水省の人たちに試食してもらおうと、東京に持参しておにぎりを作ったら、喜んで食べてくれた。だが、放射能の講習会が村の飯野出張所（福島市内の役場仮庁舎）であり、村民の参加者に『安全が実証された飯舘のコメ』として袋に入れて配ったら、帰りに捨てていった人たちがいた。復興しなきゃならない村の住民が理解してくれない。親戚に話を聞くと、『村に戻れたとしても、あそこで作られたコメなんて、食べる気がしない』と言われた。それが本音なのかと思いながら、それでも自分のコメを作ってきた」

高野さんの言葉には、「除染後」という未知の農環境と、村民にも根強い「風評」への諦めに挑む開拓者の決意がありました。「飯舘村産」を掲げて出荷する日はまだ遠いとしても。

10月6日、飯舘村の東に接する南相馬市の原町区太田地区を訪ねました。合併前の旧太田村時代から変わらぬ水田の広がる農村部で、福島第1原発事故では南側の一部が小高《おだか》地区とともに警戒区域（原発から20キロ圏）に入り、一時は自主避難も含めて大半の住民が地元を離れました。復興のために農家の有志グループがコメの試験栽培や、コメに代わる可能性のある作物の栽培実験に挑み、油を搾って利用する菜種の畑が年々増えています。原発事故を境に多くの農家がコメ作りをやめる中で、農業再生を目指す7人の有志が今年2月、農事組合法人「あいアグリ太田」＝代表・大和田英臣さん（63）＝を結成しました。「耕作放棄地が増える恐れがあり、地元の委託も受けながら、太田の復興の基盤である農地を集落ぐるみの営農で守る。その担い手もつくり、将来は地域の人も雇用するつもりだ」と、メンバーの奥村健郎さん（60）は話します。

青米の混じる収穫

17年に「あいアグリ太田」が請け負ったのは、地元・下太田集落の農家20戸の水田、計30ヘクタール。作付けの大半は福島県の奨励品種「天のつぶ」で、ほかに餅米も1・7ヘクタール。やはり長雨の影響で倒伏寸前の稲が多く、見渡す限りの水田に黄色の渦巻き模様が広がっていました。刈り取りは終盤の時期だというこの日は、幸いにも雨の晴れ間。翌日からまた雨の予報が出ており、奥村さんらは収穫を急ごうと大型のコンバイン3台を投入していました。コンバインは刈り取った稲を自動脱穀してもみだけを内部に蓄え、いっぱいになると、メンバーが水田の端に止めて待つトラックの荷台の大きなかごに吐き出し、刈り取りに戻るという作業を忙しく続けていました。

奥村さんが運転するコンバインが刈り取りを急ぐ＝2017年10月6日、南相馬市原町区太田

『東北農政局は（9月）29日、東北6県の2017年産水稲の作柄概況（15日現在）を発表した。東北の作況指数は100（前年同期比2ポイント減）で、「平年並み」（99～101）の見通し。夏の日照不足と低温の影響で、10アール当たりの予想収量は565キロとなり、前年同期比で11キロ減る見込みだ』（9月30日の河北新報より）

記録的な長雨と低温にもかかわらず、作況予想は「平年並み」。奥村さんのコンバインをトラックで待っていた仲間の1人は異議を唱えました。『「平年並み」なんてこと、あるかい」と、いまいましそうに。「出来は全然だめだ。もみが膨らんでいないもの。稲は例年7月末から8月10日ごろに開花し、受粉するが、今年は雨と低温にぶつかって花が咲かなかった。太陽に当たったのは8

夏の長雨と低温の跡、収穫したもみには青米が混じった＝2017年10月6日

月末の2日間ほどで、登熟（出穂後の成熟）する暇がなかった」

やがてコンバインがトラックに近づき、脱穀したもみをはき出す太いパイプを荷台に伸ばしました。筆者は荷台によじ登って、うずたかくたまっていくもみを見ました。黄緑色をした未成熟の「青《あお》米《ごめ》」が目立ち、焦げ茶に変色して空っぽのもみと合わせると、全体の2～3割を占めている印象でした。運転席を降りてきた奥村さんも諦め顔でした。「これで収量は10アールから8俵（480キロ）がいいところ。直播《ちょくは》（直まき）した所に天候の影響が大きかった」

牛、豚の飼料米に

直播は、もみをそのまま水田にまく方法。主流は田植えですが、苗をハウスで育てたり、農協から買ったりするのはコストが高く、米価の安さで他地域に比べハンディのある浜通りで稲作を再開した農家に広まっています。しかし、いわば体が出来上がった苗の強さに比べ、小さな種から育つ直播の稲は、同じ時期に遭遇した低温への抵抗力は弱かったといいます。この年、浜通りの直播のコメ作りに共通の問題だったことが後に分かりました。

「でも、青米であっても、虫食い米であっても、等級には関係なく売れるんだ。飼料米だから」と、奥村さんは複雑な表情を浮かべました。「あいアグリ太田」が作る天のつぶは全量、牛や豚の飼料米として地元農協に売られるのでした。「炊いた後の食味はコシヒカリに引けを取らない」と奥村さんが言う天のつぶは、福島県農業試験場が約15年をかけて開発し、原発事故の前年に同県の奨励品種になりました。稲の丈が低くて倒れにくく、いもち病に強いという特徴もあります。主力の独自銘柄米が長らく不在だった県内では期待は大きく、原発事故があった11年が販売初年度に当たり、天のつぶは「復興のシンボル」の役目を担うはずでした。しかし、その始まりから不運に見舞われました。

『天のつぶの試食会は（同年）11月30日、東京都のホテルで卸業者や流通業者を招いて開かれるはずだった。しかし、（放射性物質の検査で）基準値超えのコメが続出し、県と地元農協組織でつくる主催者の「ふくしま米需要拡大推進協議会」は「安全性の面で問題が出てきている」と延期を決めた』（11年12月3日の河北新報より）

11年の同県産米から、国の暫定基準値を超す放射性セシウムが相次いで検出され、新しいコメを市場にデビューさせるどころの話ではなくなったのです。福島と名の付くすべてが厳しい「風評」にさらされることになり、同県産米は現在も前例のない出荷前の全袋検査が義務づけられています。米価の暴落、消費地の拒否感が重なった陰で、流通市場では前述のように同県産米が匿名の「国産米」として取引され、皮肉にも「安全で安く、うまいコメ」との評価で業務米（コンビニのおにぎり、弁当、外食店のご飯など）に定着することになりました。

「あいアグリ太田」の飼料米作りもまた、農水省の飼料米増産の方針に同県が、福島のコメの新たな販路を求めたことが背景にありました。市場のコメ余りや、輸入依存だった飼料の国際価格高騰を受けて、コメを国内向けの飼料自給に振り向ける政策です。生産者には最大で10アール当たり10万5000円もの補助金が出され、食用米を作った場合に近い収入を確保できるというインセンティブが設けられたのです。

苦境に耐えた日々

南相馬市は原発事故後、市内でコメの作付けを全面自粛しましたが、14年には、前年の実証栽培解禁に続いて本格的な「作付け再開」を宣言しました。しかし、ここでも被災地のコメに対する風評への諦めなどから、再開を希望する農家が少なく、市と地元農協は全量、飼料米として販売し、農家の意欲を取り戻そうという苦肉の策を取りました。以来、同市内で栽培されるコメの大半が飼料米です（17年の市内のコメ作付面積は原発事故前の約4割にとどまる2200ヘクタールで、その8割が飼料米）。

その中で太田地区では原発事故の翌年、奥村さんら農家有志が新潟大や福島大の研究者と組み、いち早くコメの復開に向けた試験栽培に取り組みました。ところが、13年産米に福島第1原発から飛来した粉じんが原因とみられる「基準値超え」のコメが検出されたのです。「原発由来の事故」であることを証拠立てる研究者らの測定報告も相次ぎましたが、農水省は翌年、「原因は不明」とうやむやな幕引きをし、厳しい風評だけが地元に残るという苦い経験を奥村さんらは味わってきました。その結果、多くの農家が農業再開を諦めることにもなりました。

「もともと、俺たちはコシヒカリを作っていた」と奥村さん。「アイあぐり太田」のグループとしての作付けとは別に、この年、自らの水田で70アール分のコシヒカリを栽培していました。収穫後は自家米や縁故米に回し、ごく一部を農協に出荷するといいます。しかし、「コシヒカリを、売れるコメとしてもっともっと作りたいんだ」。たとえ被災地支援の要素が多少あったとしても、飼料米生産に政府が巨額の補助金をいつまでも出し続ける保証はありません。「国の政策なんて先は分からない。自分たちの『いいコメ』の価値観とは違う飼料米に甘んじていたら、農家本来の意欲は薄れてしまう。いまは苦境を食いつなぐコメ作りをしているが、『うまいコメ』『食べてもらえるコメ』を消費者に売れるようにならなくては」。篤農家としての憤りが声になりました。

浜通りのコメ復活を

この日、収穫されたもみをトラックで運んでいた代表の大和田さんも、その思いは同じでした。自らのコメ作りを再開したのは1年前。それまでは菜種の可能性に注目し、奥村さんら有志と結成した「南相馬農地再生協議会」の一員として栽培に取り組んできました。「下太田では来年から、圃場《ほじょう》整

太田地区の田園の道を参集する相馬野馬追の騎馬武者。伝統の風物詩が原発事故による中断から復活した夏の風景＝2012年7月29日

備（水田の区画拡大や水利改良などの工事）が始まる。完成したら、『あいアグリ太田』に計55ヘクタールが配分されるんだ。工事の間は飼料米を作っていくが、新しい農業の土台ができれば、私たちは食用米作りを広げていくつもりだ」

南相馬の農業再生を担う気概とともに、やはり対策の見つからない「風評」への懸念はありました。「消費地での物産展の場では、福島のコメをお客さんが『うまい』と試食してくれる。だが、それを販売につなげられないでいる。私たちはコシヒカリを復活させ、『あいアグリ太田』としての自主販売を開拓していこうと話し合っている。その目標をやり遂げなくては、将来にわたる農業経営も、古里の復興も、南相馬のコメの復活もないんだ」

大和田さんは、近隣の仲間と有機米栽培

のグループをつくり、客を開拓してきた先駆者です。が、後に残ったのは苦い思いでした。「震災、原発事故が起こるとすぐ、安否を気遣う電話をたくさんもらったが、『当分、コメ作りをやれない』とお断りすると、客はたちまちゼロになった」「ここから、どうすればいいのか。『あいアグリ太田』を交流の場としても育てていくことだ」と大和田さんは語りました。

太田地区には夏の祭りとして名高い「相馬野馬追《のまおい》」（国重要民俗無形文化財）の出陣地の一つ、相馬太田神社があります。野馬追を伝えた相馬地方の旧藩主・相馬氏は平将門の末裔の戦国大名。毎年7月末の祭日の朝には、青々と苗が伸びた水田の一本道を騎馬武者たちが参集してくるのです。太田の人々も風物詩を守り、地元の復興の支えにしてきました。「多くの人を迎え、コメと人の伝統の風景を見せたい」。その日を仲間と夢見ています。

映画『新地町の漁師たち』が描く
知られざる浜の闘い

2017年11月　新地町

2011年3月11日の津波の後、がれきを残して集落が消えた福島県新地町《しんちまち》釣師《つるし》浜漁港。その朝の風景を、自転車に乗った撮影者のビデオカメラが写していく――。

こんなふうに始まるドキュメンタリー映画『新地町の漁師たち』の画面には、やがて岸壁に集った男たちの所在なげな姿が現れ、「どこから来たんだ?」と撮影者に問いかけます。彼らの方言丸出しの語りから、漁船群を津波から守ったにもかかわらず、再び海に出せなくなってしまったという現実が紡ぎ出されていきます。

炉心溶融、放射性物質拡散の大事故が起きた東京電力福島第1原子力発電所から北に約50キロ。宮城県境にある新地町は避難指示区域からは遠く外れたものの、思いもよらない状況が漁師たちを巻き込みました。原発事故からひと月後、東電が原発構内から海に大量放出した汚染水が原因の漁全面自粛(同県浜通りの全域)と、海の復興を執拗に阻み続けることになる「風評」でした。そんな苦境からの彼らの長き闘いを、映画は記録していきます。

映画監督と漁師の出会い

「11年7月だった。新地町に来たのは3回目で、お金がなく、新地町のDIYの店で1万円の自転車を買って浜をぐるぐる回り、ビデオカメラを手に取材していた」

映画冒頭のシーンを、東京在住の映画監督、山田徹さん（33）はこう語ります。漁港の岸壁で漁師たちと出会って声を掛けたところ、「話は船主会長に聞け」と言われて、しばらく待っていると小野春雄さん（65）がやって来ました。釣師浜の祖父の代からの漁師で、3人の息子や弟常吉さんと計2隻の船で漁をしていました。

「3・11」の直後、相馬双葉漁協新地支部（54人）の仲間は一斉に出航して沖に向かい、船を無事に守りました。しかし、常吉さんの船は遅れて津波にのまれ、山田監督が撮影を開始した同じ7月に、南隣の相馬市の港で遺体となって見つかりました。山田監督は撮影の前日、被災を免れた常吉さんの高台の家の前で、遅い葬儀の花輪を見ています。

「漁ができなくて、津波で漁場に流されたがれきの撤去を、俺たちの漁船を使ってやっていた。あの日、岸壁で山田さんに『何しに来たんだ？』と尋ねると、『写真を撮りたい』と言われ、『現状を知りたいので、がれき撤去の船に乗せてもらっていいですか？』と頼まれた。それが出会いだった。まさか映画を作るなんて思っていなかった」

「それから何度も釣師浜に通ってきたが、働かないで大丈夫か？と心配した。東京でアルバイトをしてお金を作っていると聞いて、フリーターなのかとも思ったよ」

小野さんは、若い映画作家との遭遇を笑いながら振り返りました。

山田監督は自由学園出身で、渋谷の「映画美学校」でドキュメンタリー作りを1年間学んだ後、「自由工房」に入って羽田澄子監督に師事。映画『遙かなるふるさと旅順・大連』の製作に演出助手で参加しました。「ドキュメンタリーの自由さに惹かれた」と言いますが、作品の公開直前に起きた東日本大震災を契機に、自らで映画を撮ろうと志しました。

しかし、陸前高田、南三陸町、石巻、南相馬、飯舘《いいたて》村、双葉町など南北に広大な被災地の中で、なぜ「知られざる被災地」の新地町を選んだのか？　この問いに、山田監督は福島在住の詩人、和合亮一さんの名を挙げました。

震災、原発事故の直後からツイッターで「福島」から詩を発信し続けた和合さんが、11年4月24日にツイートした詩では、津波で破壊されたＪＲ新地駅舎の惨状、落ちていたレコード、無人のホームにいたはずの「人影」、折れ曲がったレールなどが描かれていました。「東北に縁もゆかりもなかったけれど、その詩が自分を新地町につないだ」（山田監督）。

友人と高速バスに飛び乗り、初めて新地町を訪れたのが翌5月の連休。1人のボランティアとして釣師浜の風景を眺め、半壊した家の泥かきをしました。2度目は6月、町の津波犠牲者94人の合同慰霊祭があると聞かされ、初めてビデオカメラを携えて。少しずつ地元の人を知り、3度目の7月に漁師たちとの出会いが待っていたのでした。

生の言葉が紡ぐ現実

「原発（事故）さえなければ、みんな船が（漁に）出た」「みんな（漁の再開を）待ってるんだ。これだけの船が残ったんだもの、船方（漁船乗り）は」「再開をみんな準備してるんだ」

映画の冒頭のシーンに続いて、岸壁の漁師たちから語られる言葉です。

漁の全面自粛という浜の歴史にない理不尽な事態を、彼らはいまだ受け入れられずにいました。山田監督が同乗した漁船からの沖合での映像に映るのは、海中から引き揚げられる「ぼろ網」（津波で流された漁網）の山。そこで行われていたのは、震災の遺物を掃除する漁だったのです。

11年11月と翌12年1月、小野さんらが漁船を出してのモニタリング調査（放射性物質測定のための漁）の場面では、大きなカレイが網に掛かりました。

「普通なら20万円クラスでないの。サンプルだから売れないが」「震災前はこんなに獲れることはなかった。獲らないんだから、増えるのは当たり前だ」

獲りたくても獲れぬ悔しさが言葉ににじみますが、現実はあまりにも残酷です。

「福島第1原発近くの海から放射性物質を多く含んだ魚が揚がった」という話題に、漁師たちは岸壁でこんな会話も交わします。「海によどみがあって、放射性物質があるそうだ」「あれを見ると、生きてるうちに魚を獲れない」「夢も希望もない」「復興応援をもらっても、何にもならない」「これから一生、50年、100年掛かるか分からない」「大丈夫だ、生きていないから」

これらの言葉は、ビデオカメラの存在を意識しない漁師たちの、ありのままの会話。マスメディアのようにマイクを向けてインタビューしたり、要領よくまとめたりしたものでもありません。当時の震災報道に強くにじんだ「他者目線」あるいは「東京目線」のニュースとはまるで異なる、浜の方言丸出しで語られる生の現実が砲弾のように、映画を観る者に降り注ぎます。言葉を変えれば、観客は漁師たちの立ち話の輪に居合わせるような感覚になっていきます。

「現地で過ごして分かったのは、震災直後のテレビや新聞が流していたのは情報として『切り取った生々しさ』でしかないということ。大切なものを伝えていなかった」と、山田監督は言います。それは和合さんの詩に感じたという「震災前と震災後」の断層であり、それでも流れ続ける「時間」でした。それらをくまなく伝えることで、初めて漁師たちが何を奪われてしまったのか――が分かってきます。

「それから月1、2回は東京から釣師浜に通うようになったが、2年目の12年初めから秋にかけて、撮影の足が遠のいた。何を表現したらいいのか分からなくなり、悩んだから」（山田監督）

津波のがれきの引き揚げとモニタリング調査の漁しか、当時の漁師たちには仕事がなく、「何を映画にするべきなのか。そこにはないのか、と思った」。それは漁師たちにとっても、迷いと焦りの時間であったのでしょう。小野春雄さんもこう振り返ります。

「以前は寝る時間も惜しいほどに働いて、魚を獲った。が、震災後のあの当時、何をしたらいいか、先がどうなるか、さっぱり分からなかった。原発事故の放射能もどのくらい怖いものなのかも分からなかったんだ」

「拍子抜け」に触発

双方にとって見えない「壁」のような時間にも、転機が訪れます。山田監督にとっては、12年11月3日に行われる予定だった、釣師浜の安波津野《あんばつの》神社と地元に伝わる「安波祭」でした。「浜下り」という古くからの民俗行事が福島県浜通りにあります。里の暮らしを守る神は、春先に田に下りて豊作の神となり、秋には海に入って潮を浴び、力を再生して帰る――という生命の循環の物語を持つのですが、新地町の「安波祭」は、浜の人々が大漁と航海安全を祈願する神事として伝わります。

地元で「あんばさま」と呼ばれる神社の神輿《みこし》が集落を練り歩

釣師浜漁港に再建された安波津野神社に祈る小野さん＝2017年11月８日

き、クライマックスでは漁師たちが神輿とともに海に入り、潮垢離《しおごり》をします。かつては毎年行われていましたが、担ぎ手が少なくなり、今では5年に1度の祭りとなっています。ちょうど11年11月3日が「安波祭」開催の年になっていましたが、「ぜひ見に行こう」と意気込んで釣師浜を再訪した山田監督は、拍子抜けしました。「小野さんら漁師が神社にお参りして祈願をし、お神酒をいただいておしまいだった」

250戸以上が立ち並んだ釣師浜などの集落は、ことごとく流され、住民は仮設住宅などに離散していました。生業である漁そのものに再開の見通しが立たず、「安波祭」は中止となったのでした。

映画の中のその日は、しかし、とりわけ印象深い場面です。人けのない集落跡は枯れ草色。安波津野神社の仮社の前にたたずみ、目を閉じた男たちからは無念の思いがにじんでいます。海の潮で生気を取り戻すはずの神も、陸の上にとどまるほかなく、「恵みの海から切り離された」人々の状況を冷酷なまでに象徴していました。山田監督はこの日、「祭りの意味をもっと知りたい、漁師たちの震災前の姿を知りたい」と新たなインスピレーションを得て、釣師浜に再び通い詰めるようになりました。

イメージの変化

漁師たちが待ち焦がれた漁は12年6月、度重ねてのモニタリング検査でも放射性物質が検出されず、かつ安全性が確実な魚種に限る――との条件で、ごく少量を漁獲する「試験操業、試験流通」という形で始まりました。

監督機関である福島県地域漁業復興協議会の下、新地町の漁師たちが所属する相馬双葉漁協の試験

映画『新地町の漁師たち』の試験操業の場面の小野さん

操業の第1弾は、わずかにタコ2種とツブ貝1種。それから少しずつ試験操業の対象魚種は広がっていきます。翌13年4月には、名産の「春告げ魚」であるコウナゴも加わり、山田監督は小野さんの「観音丸」に同乗して、試験操業の模様を撮影しました。

「船の上での仕事の集中力、眼光の鋭さ、荒々しさ。初めて見るような彼らに驚き、新鮮な感動を覚えた。本当の姿を見た思いだった。それまで接してきた漁師たちへの、いわばネガティブなイメージがすっかり払拭された」（山田監督）

そのイメージの変化とは何だったのでしょう。「他者の目」だった山田監督の視点も、このあたりから変わっていきます。

岸壁で釣り糸を垂らしたり、野球のまねごとに興じたりする漁師たちの日常も、映画は映し出しました。

「釣りやパチンコに行って、昼寝をして……。時間を持てあましたような漁師たちに、なぜ前向きに生きられないのか？　お金（補償金）をもらっているからか？　と、初めは悲観的な見方をしていた」と、山田監督は述懐しました。

しかし、気楽に見えた彼らの会話は衝撃的に響きます。「昼寝するしかない」「頭がおかしくなる、人間おかしくなる」「人間、いろんな欲があるから働く。それが生きてる実感だべ」「欲しなくなったら、何が面白くて生きてる?」「漁業者に賠償金を払ってるからいいべ、とはならない。何もいいこともうれしいこともない」「のほほんとして、『きょうも1日終わった』という毎日の何が面白くて生きてるのか?」――。

山田監督は言います。

「試験操業の撮影を境に『この人たちは魚を獲るのが好きなのだ』『自分の体を張って生きている』『それらを奪う残酷さこそ原発事故の罪なのだ』と知った」

風評に脅かされる未来

釣師浜から近い高台にある神後《じんご》団地(災害公営住宅)に小野さんを訪ねたのは17年11月8日。津波で家を流されましたが、無事だった家族と仮設住宅で2カ月暮らした後、亡くなった弟・常吉さんの家に同居させてもらい、応募した同団地の完成とともに、新しい住まいを得たのでした。

原発事故前の収入を基に毎年、東電から「営業被害」の補償金が支払われ、生活に困ることはないといいますが、「将来の不安を、息子たちを思うたびに感じる」。

震災前は3人の息子と一緒に船に乗っていましたが、震災、原発事故とともに陸に上げ、土木建設業の現場で働かせたといいます。「試験操業が始まったとき、3人を船に呼び戻した。うちだけじゃなく、新地町の浜では後継者が多い。年に1人、2人は必ず若い人が入ってくる。今の試験操業に張り合いはないが、皆、再び自由な漁ができる未来に期待しているんだ。しかし、その未来は脅かされ続けている」と小野さんは言います。

理由は「風評被害」。試験操業の魚が水揚げされる相馬市松川浦漁港では、16年秋に荷さばき場（相馬原釜地方卸売市場）が完成し、17年春には仲買業者による競り入札が復活。一歩一歩、当たり前の状態に近づけようとする地元の努力に、小野さんは「俺たちも本気になってきた」と話しますが、「（原発事故の）風評がこの先も続けば、試験でない本格操業が始まったとしても、地元の魚に常に値崩れが起きるのではないか」。

その懸念は、福島産米が国内一厳しい全袋検査にもかかわらず、県外では匿名の「国産米」で売られ「安く、うまく、便利な業務米」として流通するなど、市場で実態のない「風評」が固定化されて現在も安値に甘んじる多くの福島産農産物とダブります。

「ただ『福島』というだけで」

本格操業への実現についても、漁師たちの立場は一様でありません。

「60代以上は『早くやってほしい。待っている時間がない』と言うのに対し、若い世代は『まず早く汚染の源を除去してきれいにし、風評を完全になくしてからでいい』と食い違う。彼らの若い奥さんらにも『子どもを守るために地元の魚は食べたくない』という姿勢が珍しくない。逆に言えば、地元の人たちから安心して魚を食べてもらえなくては、福島の海の復興もないんだ」（小野さん）

津波で流された釣師浜の集落跡に立つ小野さん。震災前をしのぶよすがもない＝2017年11月８日

これまで福島第1原発の汚染水の海洋流出事故がたびたび報じられ、東電や経済産業省は、その謝罪と対策の説明会を地元で開いてきました。映画『新地町の漁師たち』は、14年3月に相馬市で開かれた東電の「地下水バイパス」計画（大量の地下水が原子炉建屋の汚染源に触れる前に井戸でくみ上げ放流する案）の説明会で憤る小野さんの厳しい声を記録しています。

「船方（漁船乗り）は風評被害が一番怖いです。また魚が売れなくなったら、どうするんですか？　誰が責任を取るんですか？　これは我々の代の話じゃない。孫、ひ孫の代の福島県の海が汚されちゃったら、どうにもならない。海は除染できないんですよ」

小野さんらが暮らした釣師浜の集落跡は現在、防潮堤建設などの大規模工事の現場になっており、「あの辺に家があった」と指差されても、まるで想像できません。相馬双葉漁協新地支所の新しい事務所が建てられ、たくさんの漁船がたゆたう岸壁の向こうの海の風景に、小野さんは複雑で割り切れない思いも抱いています。新地町は浜通りの北端にあり、その北には何の境もなく宮城県の海域が続いているのです。「こちらではいまだに、コウナゴやサバなど季節季節の魚のサンプリング調査をやっている。宮城県側では何の制約もなく漁をしている。魚が増えて、水揚げも値も上がっているそうだ。ところが、増えて当たり前だろう、こちらで獲っていないのだもの。新地町と請戸《うけど》（浪江《なみえ》町）の水産加工業者が、工場を宮城県側に再建し、こっちに魚を買いに来ている。わずか数キロの距離なのに、ただ『福島』というだけで」

「安波祭」に見た希望

映画のラストはどこまでも美しい、青い海と空です。裸の漁師たちが神輿を担いで海に浸かり、潮垢離をしながら、子どもに戻ったように無邪気にはしゃぎます。16年11月3日、大震災があった11年の中止を挟んで10年ぶりに催された「安波祭」のシーン。

山田監督のカメラは、すぐ間近で彼らの輝くばかりの表情を捉えました。「山田さんは合羽を着てきたのだが結局、深い所まで一緒に入って、ずぶ濡れだったよ」と、小野さんは笑います。

「昔は、集落を練り歩く神輿を担いだまま海に入ったが、一度流されたことがあり、水に浮く樽《たる》神輿に変わったんだ」

映画は祭りの前にひとまず完成しましたが、山田監督にとっても念願の「安波祭」。「5年余り前には津波が押し寄せ、漁師たちの運命を変えた海だった。いろんな思いが彼らにこみ上げただろう」

（山田監督）という場面が、17年3月の公開に合わせて付け加えられました。

民俗学の解釈では「神が海の潮で生気を取り戻す」神事ですが、映画を観る者には、それまで語られてきた理不尽と苦難の歳月から、漁師たち自身が再生していく姿のように映ります。

「東電の説明会で感情をあらわに訴える小野さんに、海と家族を守ろうとする漁師の誇りを感じた。生きがいって何だろう？　それを失うと人間はどうなるのだろう？　生きる環境そのものが仕事の場である人々にとって、生業（なりわい）を奪われるとは、どういうことなのか？　自分はリストラをされた経験はないが、失業すれば『次がある』と探すだろう。しかし、漁師たちに『次』はない。映画を見る人に、それを知ってもらえたら」

山田監督はそう語りながら、漁師たちの気持ちが1つになる「安波祭」に希望を見たと語りました。

小野さんは、「100歳になるまで漁師を続けるつもり」と真顔で言います。常吉さんとともに沈んだ、2隻目の漁船も再建造しました。「無駄ではないかと家族に反対されたが、息子たちのために残すんだ」

新地町には、阿武隈《あぶくま》山地の名山で標高429・3メートルの鹿狼山《かろうさん》があります。大昔、山頂に手の長い神が住まい、新地の海に手を伸ばして魚介を食したという、「漁業事始《ことはじめ》」ともいえる伝説があり、小野さんは毎日、その山に登っているそうです。日常生活でも両足首に1キロずつの重しを付けて歩き、「富士山にも登ったぞ。月山にも那須の茶臼岳にも。100歳まで現役を目標に、まずは本格操業に備えるのさ」。海の男は不屈です。

「震災ものを観る人はいない」

「安波祭」のラストシーンを除いたオリジナル版は16年3月、東京で開催された「グリーンイメージ国際環境映画祭」に出品され、大賞に選ばれました。山田監督が最初に得た手応えです。これを励みに「次は映画館のロードショーにかけたい」と願い、売り込みに歩きましたが、「商業的となると難しい壁があった。何館も断られ、『震災ものの映画なんて、もう観る人はいない』とはっきりと言われたこともあった」。

それでも、「映画は人にまず観てもらわなくては」と、自主上映を始める覚悟を決め、同年4月、まず新地町で「完成記念上映会」を開きました。主役である漁師たちに観てもらいたかったからです。町役場の隣の施設で、相馬双葉漁協新地支部の青年部が旬のコウナゴの試食会をにぎやかに催してくれ、1日2回上映で計2日間の入りが400人に上りました。「20〜30人くらいかと思ったので、びっくりした」(山田監督)。観客の1人になった小野さんは、「(山田監督が)撮って歩いてるのを見ていたが、映画になるとは思わなかったよ。俺もあんなに(映画に)出るなんてね。東電さんに異議申し立てをした場面など、俺は早口だし、その先がどうなるか分からんかった時の思いがよく出てたな」と笑いました。

東京でも同年5月から教会などを会場に自主上映を重ね、また震災の被災地、宮城県唐桑町《からくわちょう》に移り住んだ同級生が現地で企画してくれた上映会もありました。やがて、いい評判や支援の声がメディアやインターネットに広がり始め、本格的に映画館でのロードショーが実現したのが17年3月。安波祭のラストシーンを加えた最終完成版を東京都内の「ポレポレ東中野」で披露することができました。売り込みの成果も現われて、大阪、名古屋、そして7月には「地元」となる福島市の映画館で1週間上映しました。映画作りのきっかけとなった詩の作者、和合亮一さんが初日の舞台あいさつに駆け付け、上映の応援で新地町の女性らが「浜の母ちゃん食堂」と銘打ち、名物ホッキ飯やシラウオの吸い物を振る舞いました。

「上映会のフィナーレも、ぜひ東北でやりたい」という山田監督の念願がかない、12月3日〜15日に仙台市の映画館「桜井薬局セントラルホール」が上映を引き受けました。支配人の遠藤瑞知さん（55）はこう語ります。

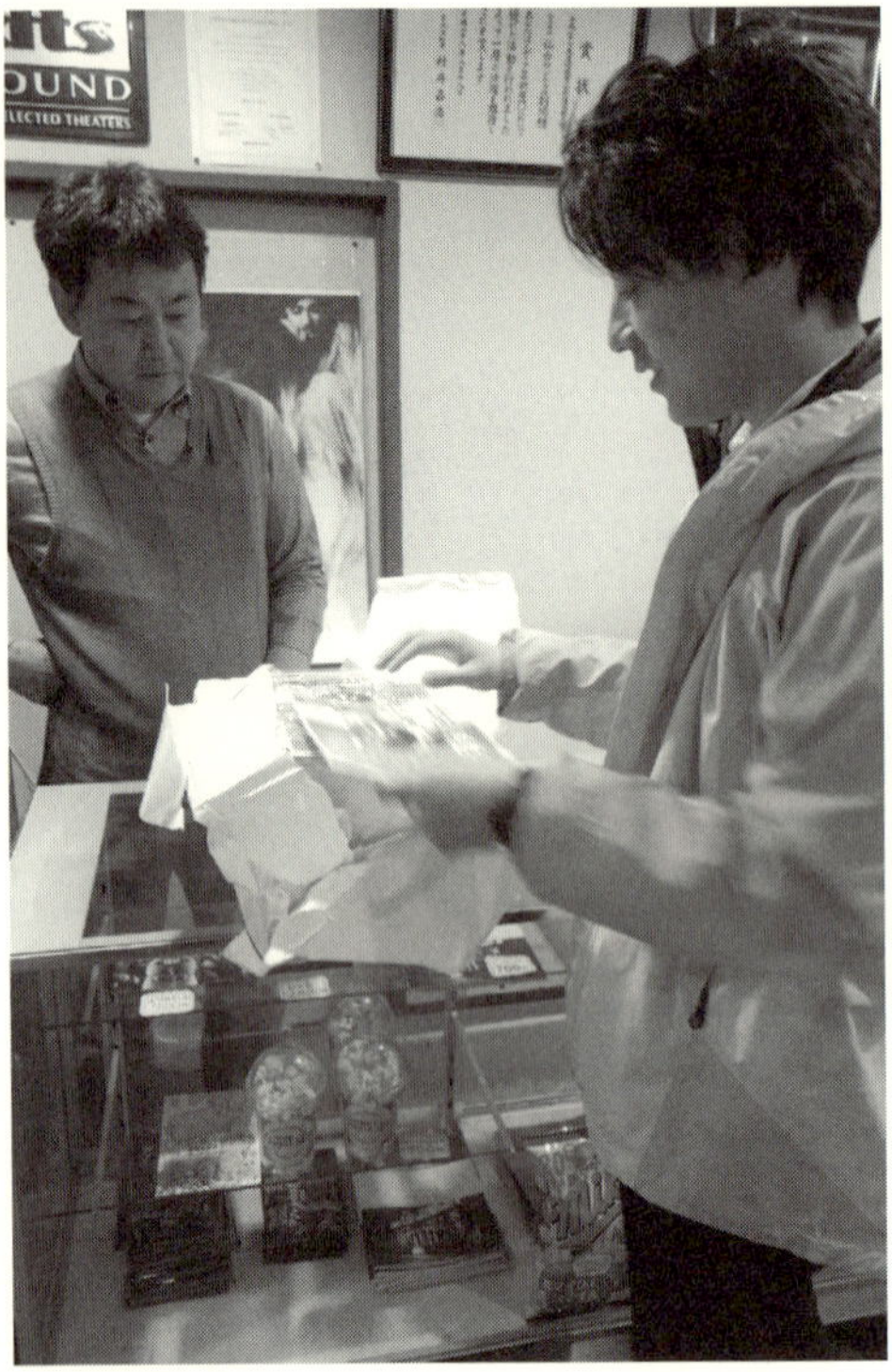

12月3日からの上映を前に、仙台の桜井薬局セントラルホールで打ち合わせる山田監督㊨と遠藤支配人

「震災、原発事故のドキュメンタリー映画を東北の館として上映してきたが、山田監督の熱さに打たれた。こちらでも震災の爪痕が普段の生活から見えなくなってきて、間近な場所

多くの観客が集った『新地町の漁師たち』の仙台での上映会＝2017年12月3日、仙台市の桜井薬局セントラルホール（撮影・土屋聡さん）

で起きている出来事が忘れ去られていく。『新地町の漁師たち』には当事者の生々しい証言が山のようにあるが、マイクを向けてのコメントではない。震災、原発事故は『俺たちだけでなく未来の世代にも関わる』という言葉を、見る人に共有してほしい」

（仙台での初日は、午後1時からの上映後、山田監督と小野さんを筆者が舞台上で公開インタビューしました）

「人影」の意味

山田監督はいま、次回作を撮ろうと福島県浪江町に通っています。17年3月末に避難指示解除になった同町の現状を「『3月11日』から6年半の荒廃　遠ざかる古里を見つめて」の章で紹介しましたが、後背地が失われた地元の請戸浜には、津波で破壊された漁港が復興事業で再建されていま

再建中の浪江町請戸漁港で次回作の想を練る山田監督＝2017年11月4日

す。避難先の南相馬市や遠い郡山市からの通い漁業であっても、「自分たちの港が欲しい」という漁師たちの切なる願いによるものでした。

山田監督は初めての映画作りの原点になった和合さんの詩の「人影」という言葉を、「ほぼ誰に出会うこともない浪江町の崩れかけた街、漁村集落が消え去った請戸浜を歩くたびに思う」と言います。浜から真っすぐ南には、福島第1原発の排気塔群がくっきりと見えるのです。「問題がより生のまま残された土地で、『人影』の意味を追求してみたい」と語る山田監督は、冬の浜通りの厳しい西風と向き合っています。

福島と京都の間で「希望」を探し求める自主避難者の旅

2017年12月　京都市～南相馬市～郡山市

伏見の「みんなのカフェ」

京都市伏見を再訪したのは2017年2月26日。まだ冬のさなかの東北と違い、京都は梅が咲き誇る早春の候でした。東日本大震災の被災地を毎年応援している「もっと広がれ支援の輪 from 伏見」という地元の労働組合、市民らのイベントに3年ぶりに講演で招かれ、「大震災から6年　何も終わらない東北の被災地」との題で現状を報告させてもらった翌日、足を運んだ場所があります。近鉄・桃山御陵駅前の踏切を渡り、にぎやかな大手筋商店街のアーケードをくぐって両替町の小路を曲がると、その店は変わらず穏やかなたたずまいを見せていました。

焦げ茶の柱や板戸、白壁、銀色に光る瓦。京都の下町らしい古い町屋作りの店には「みんなのカフェ」の表札。立て看板のメニューには、手作りのシフォンケーキ、チーズケーキに交じって、東北のにおいのする「ずんだティラミス」や「わっぱ飯ランチ」も。あるじとして切り盛りするのは、福島市から自主避難している西山祐子さん。福島第1原発事故の後、同じく京都に移った同胞の家族らを支援する社団法人「みんなの手」の代表です。伏見にある避難先から近い町屋を自ら借りて改装し、13年5月に店開き。「みんなの手」の拠点でもあります。3年前の講演の打ち上げ会場が偶然に

▲「みんなのカフェ」。福島の味を伝える店であり、京都への避難者をつなぐ「みんなの手」の本拠。代表の西山さん㊨が切り盛りする＝2017年2月27日

▶初めて「みんなのカフェ」を訪ねた時のスィーツは、東北らしい「ずんだ」のある三色おはぎ＝2013年10月6日

「みんなのカフェ」だった縁で西山さんを知り、異郷での避難生活について話を聞かせてもらって以来の再会でした。

福島から京都へ自主避難

西山さんの自宅は福島市瀬上町《せのうえちょう》。阿武隈《あぶくま》急行という第3セクターの駅があり、のどかなリンゴ畑に囲まれた住宅地です。京都に避難するまでの経緯を、筆者のブログ『震災3年目／余震の中で新聞を作る109～同胞をつなぐ、はるか京都の地で』でたどってみます。

『11年3月11日の震災があり、福島第1原発事故による放射性物質の拡散で、原発から60キロ以上離れた福島市内でも「3月15日に急激に放射線量が増えて、24・2マイクロシーベルト毎時まで上がった。（政府から）福島市に避難や屋内避難の指示は出なかったけれど、『自主的に避難した方がいい』と友人からメールをもらった」

共同通信の記事（同16日）も、福島市で同日5時以降、『通常の約５００倍に相当する毎時20マイクロシーベルト以上の放射線量を少なくとも5時間、連続して観測した』という県の発表と、「必要のない外出は避けてほしい」という呼び掛けを伝えていました」（注・17年7月12日現在の『福島県放射能測定マップ』で、同市瀬上町は0・1前後に低減）。

「両親や夫に反対されたけれど、避難しようと決め、そのころ2歳の娘を連れて18日に東京に行った。でも、都は自主避難する人の受け入れ、支援をしておらず、親戚を頼って都内でアパートを借り、3カ月滞在した」。夫は仕事のある福島に残り、二重生活となって経済的な負担も生じました。「5月の連休に一度帰ったけれど、放射線量の状況は震災前に戻らず、避難が長期化するかもしれないと感じて、受け入れの情報を懸命に集めた」

福島県全域から自主避難する人々を独自の震災対策事業として受け入れていたのが、京都府でした。「対応がとても丁寧、迅速で、2、3週間の準備で避難先の下見をさせてくれた」と西山さ

避難者をつなぐ場に

ふんばる 3・11大震災

将来の選択へ情報発信

「みんなの手」代表 西山 祐子さん＝京都市伏見区

京都市伏見区の繁華街の小路に「みんなのカフェ」という店がある。有機栽培のコメや農家から仕入れる野菜の料理が売り物。東北の味、ずんだが入った三色おはぎも出す。切り盛りする西山祐子さんは、福島市から避難している。

福島第1原発事故直後の2011年3月半ば、放射線量上昇を危惧し、長女真理子ちゃん(4)と東京に避難。3カ月後に京都に移った。

「自主避難者を受け入れ、支援しているのが京都府だった」。紹介された古い公務員宿舎の部屋を借り、両親を呼び寄せ、仕事のため残った夫とは二重生活になった。

カフェを運営するのは「みんなの手」。西山さんが代表になり、福島県内から京都に避難する人たちや現地の支援者と11年12月に結成した。

カフェは古い町家を改装した。助成金の不足を自費で賄い、ことし5月に開いた。「避難者や福島ゆかりの人、近隣の人がお茶や食事に来てくれる。縁を結ぶカフェにしたい」

■

京都に移った当時、原発事故の深刻な状況から長期の避難を覚悟した。「福島からの避難者がどこにいるのか、役所の個人情報保護が壁になって暗中模索だった」

京都市民の支援の会で、同じ公務員住宅にいた福島県民と出会った。それを機に避難者の集いを呼び掛け、20人が参加した。

「行政から家財道具などの支援を受ける人、受けない人など境遇はばらばら。孤立しないよう、多くの手をつなぐ場が必要」。そう思い立ち、自らがつなぎ役になった。

活動の拠点は西山さんの自宅だった。今はカフェの2階に事務所を構える。避難者だけでなく福島市の仲間や京都の有志ら8人がスタッフ。

「まず取り組んだのがニュースの発信」。生活支援、催しの招待、求人情報などを新聞としてまとめて月1、2回、府に郵送を託す。送り先は435世帯に上る。

■

京都府には福島県内から600人以上が避難している。多くは母子だ。

昨夏は子どもたちのため、福島の同級生をバスで京都に招き、一緒に遊ぶ夏休み企画を開いた。第1弾は親子76人が参加。福島発と京都発の「家族再会バス」も、正月と盆に運行している。

「子どもたちの絆を守るのは大人の役目」と、バス運行の資金集めのため、京都の支援者たちと実行委も結成した。

英語の講師、通訳だった自身が先生になって子どもたちの英語教室、古里の浪江焼きそばを楽しむ「みんなの祭り」、芋煮会なども開いた。

長引く避難生活。「府の支援も4年限りとされ、帰るか、ここで自立するか、選択を迫られつつある」。古里を思いつつ、放射線量が不安で京都定住を考える人もいる。「就活に役立ててほしい」とカフェの2階でパソコン教室なども始めた。

「私はいつか家族で帰りたい。でも、原発事故を教訓に、子どもも大人も安心して暮らせる社会づくりが必要。そのための模索を今は続けたい」

（寺島英弥）

「みんなのカフェ」で打ち合わせをする西山さん（左）＝京都市伏見区

河北新報連載「ふんばる」で紹介された西山さん。京都2013年11月6日

ん。府から提供されたのが、伏見区にある公務員宿舎でした。夫はやむなく引き続き福島に残ることを決め、「なじみのない西日本は心細いが、安心できるなら」という両親、娘さんと4人での京都の暮らしが始まりました。未知の土地ゆえに、福島から避難した人たちがどこにいるか、誰か知り合いが来ていないのか、知りたくなり、府に問い合わせましたが、「個人情報は教えられない」と壁に阻まれて、五里霧中だったといいます。

地元で市民らの支援の会が活動しており、「行ってみたら、たまたま同じ公務員宿舎に避難している人がいた。『声を掛け合って、集まってみないか』という話になり、8月に初めての集いを宿舎で開いた」。20人も集まり、西山さんら有志は「ふれあいの会」を旗揚げしました。京都新聞や全国紙の取材も入ってニュースが広まり、支援したいという申し出も寄せられました。府から必要な家財道具の支給はありましたが、「何かできますか?」と。

「私がいる公務員宿舎とは別の場所で暮らす福島からの避難者とも出会った。府の宿舎以外には公的な支援がないことが分かり、『ずるい』と言われた。同じ避難者として、誰もがつながれることが必要だ、と感じた」といいます。「原発事故で故郷を離れた人、津波のために帰る家をなくした人、福島だけでない他県からの避難者も、とにかくそれぞれが孤立に陥らず、つながろう。支援をしたい、という地元京都の人もつなぐ。そんな場をつくりませんか」と西山さんは呼び掛け、12月に「避難者と支援者を結ぶ京都ネットワーク　みんなの手」を立ち上げました。スタッフは、西山さんら福島からの避難者が2人、京都の有志3人。「自分はつなぎ役になろう」と決めて、拠点は公務員宿舎の自室に置いて月1、2回のニュースレターを発行し、避難先リストを持つ京都府に郵送を委託しました。発送便の届け先は435世帯に上ります。希望者にはメーリングリストを使った発信も始め、登録者は現在65人。「支援やイベントの招待など、いろんな情報が電話でも集まるようになり、それらを発信してきた」』

福島県が支援打ち切り

それから6年。西山さんをはじめ福島県内から全国各地へ自主避難を続けてきた人々の境遇は、大きな転機を迎えようとしていました。筆者の京都訪問のほぼ1カ月後、政府は福島第1原発事故の被災自治体に発した全住民の避難指示を17年3月末（富岡町は4月1日）に解除しましたが、それを以前から見据えたように同県は15年6月、放射能への不安などから自らの判断、選択で避難した県民の生活を支えてきた住宅無償提供（家賃全額補助）の支援を打ち切る方針を決めていました。その時点で古里を離れて県内外に避難した人は4万3700世帯、10万1900人、うち自主避難者は9000世帯、2万5000人に上ります。同県の意向は「除染や災害公営住宅の整備が進み、生活環境が整うと判断」「災害救助法に基づく応急的な支援から新たな生活再建策に軸足を移す。県外の借り上げ住宅から県内への引っ越し費用を補助するなどして帰還を促す」（同月16日の河北新報）と報じられましたが、政府のスケジュールと軌を一にしていたことは明らかでした。

復興庁も同じ時期、自主避難者らを対象に「子ども・被災者支援法」の基本方針を改定する案の説明会を東京都内で開き、①自主避難に関する支援を縮小する　②古里への帰還支援などに比重を移す——の方針を伝えました。東日本大震災から5年の節目であった15年度末で政府の「集中復興期間」

が終わることを踏まえ、「福島県内の多くの地域で空間放射線量が大幅に低減した」「避難指示区域以外の地域から避難する状況にない」などを根拠に、法律の上でも自主避難者への支援を打ち切る内容でした。「避難者の切り捨てではないか」という反発や疑問が会場の自主避難中の人々から相次ぐ中、政府は同年8月25日、「幕引き」を急ぐかのように閣議決定しました。

翌9月15日の河北新報には、「住宅無償提供　延長を　自主避難者　増す負担」という見出しの記事が載りました。

『「母の願いはただひとつ、子どもを守りたい。そのためにもう少し山形で子育てさせてください。どうか住宅支援の延長をお願いします」。4日、山形市で開かれた「住宅支援の延長を求める会」の発足式。原発事故当時、3歳の娘と福島市から山形市に母子避難したパート従業員の女性(42)が切々と訴えた。長距離通勤、母子避難、二重生活……。自主避難者の環境はさまざまだが、避難生活で家計の負担が増す中、住宅無償提供は大きな支えになる。中には貯金を取り崩しながら生活する家庭もあり、切実な問題だ』

同県は支援打ち切りの方針を決定した後、担当者に各地の自主避難者を戸別訪問させました。が、「職員が訪ねてくるなり一方的に通告された」「打ち切りありきで被災者と接している」といった当事者の声が、「原発被害者訴訟原告団全国連絡会」「原発事故被害者団体連絡会」などを通して明るみに出ました。16年に入り、多くの避難者を受け入れた山形、米沢両市の議会が撤回を求める請願を採択するなど、住宅無償提供の延長を訴える活動は全国に広がりましたが、内堀雅雄知事は再考に応ずることなく、「県全体で丁寧に対応する」と語るのみでした。これらの決定の積み重ねは、避難指示解除を境に、自主避難が「原発事故のため強いられた決断」から「自己都合」へと扱いが変えられてしまうことを意味しました。当時の今村雅弘前復興相が17年4月4日、「(もはや自主避難に政府の責任はなく)本人の責任、本人の判断」と突き放した「自己責任」発言も、自主避難者を切り捨てる流れを代弁したものでした。

とどまるか、帰還か

「京都府、京都市とも、自主避難者への支援を2年間、延長してくれた」と、西山さんは語りました。京都には16年末現在で福島県などから計95世帯、２５７人の自主避難者が暮らしていました。冒頭の被災地支援イベントのように、地元では福島県からの自主避難者への市民の受け入れが温かく、支援打ち切りに反対し避難者の窮状を訴える署名集め活動なども行われました。両府市は足並みをそろえて「入居から6年間」の避難者を無償で受け入れ、それを過ぎた後も独自に19年3月まで有償ながら提供を続けると決めました。全国の多くの自治体では政府の要請を受け、自主避難者の公営住宅への優先入居枠を設けて住み替えを求めましたが、京都ではそのまま住み続けることができる、良心的な対応が生まれていたのです。

「でも、わたしは去年の3月、府から避難先に充ててもらった公務員宿舎を自分の判断で出て、父と母、娘と一戸建ての家を借りている。もう去年から住宅の支援を受けていないんです」と西山さん。なぜですか?と聞くと、「そのころは京都でも支援が打ち切りになりそうな空気だった。17年初めの時点で『支援は終わりです』と京都府からも言われていた。それが、2月になって急に『支援を延長します』に変わった」。その間の市民たちの応援が行政を動かしたとも言えましたが、西山さんは「仲間たちにも『もう支援に甘えず自立しよう』と言ってきたのに」と複雑な気持ちだったといいます。「京都での行政の支援もあと2年という先が見え、『みんなの手』の活動をこれから1年、1年どう続けていくか、思い悩むところもあります」

避難生活の苦労を共にしてきた家族にも、思いもかけぬ悲しい出来事がありました。「京都の暮らしになじめない部分があり、ストレスに苦しんでいた」という83歳の母親が亡くなったのです。「福島の家が大好きだったんです」。同市瀬上町の自宅では、1歳上の父親が160坪の畑を借りて家庭菜園を作っており、夏になると家のブドウ棚の下にビニールプールを広げて、娘真理子さん（現在8歳で小学3年）を遊ばせたそうです。その楽しさを真理子さんもよく覚えていて、「早く帰りたい。京都より福島の方がいいと話すんです」。

自宅の周りの地域でも除染作業が行われ、放射線量は低減しましたが、「安全と言われても、安心はできない。『ホットスポット・ファインダー』で見ると、まだ高い所がある。子どもを住まわせてもいいのかどうか、悩みます。低線量被ばくの危険をぬぐえないのに、『安全』と決めつけないでほしい」と西山さん。サラリーマンの夫は仕事のため福島に残り、二重生活が続いてきました。2年前に東京の企業に再就職し、以前より距離は縮まりましたが、家族分断の現実は変わっていません。

駆け抜けてきた4年

「みんなの手」の活動も4年になりました。「つながってくれている避難者は、京都府に登録している約250人。3年前の600人からずいぶん減りました。でも、住宅探しなど、さまざまな支援情報などのニュースレターを毎月送っている先は、関西の他府県にいる人も合せて、いまも650世帯あります」。情報の発信だけでなく、京都での交流会も年7回ほど催し、古里の東北らしい芋煮会や紅葉狩り、餅つき大会など、家族で楽しめるレクレーションを企画してきました。避難者の身の振り方を検討する一助として、京都への移住を希望する人を応援する団体「京都移住計画」と共にランチ交流会も。

「ふるさととつながろうツアー」は11年12月、避難先の京都と福島に離れた親子らをつなぐ夏休みや年末の「家族再会プロジェクト」として始め、その後福島県の交通費助成も得て、13年から現在の名称で避難者の参加を募って続けています。「今年（17年）のお正月には30人が参加しました。次の3月のツアーは40人くらいになりそう」。本拠とする「みんなのカフェ」も、西山さんが避難先の伏見の古い町家を見つけて改装しましたが、助成金が数百万円不足し、最後は自費で賄いました。「スタッフは6人。南相馬市など福島県からの避難者の仲間も働いてくれたけれど、それぞれ古里に帰って、いまは京都の人だけになった」

西山さんは原発事故前、福島や仙台で英語の講師、通訳のキャリアを積んできました。それらを捨てての避難生活は、「マイナスからの出発になった。先のゴールは見えず、きょうのことしか考えず、自分はただ髪を振り乱して駆け抜けてきた」。避難者の誰もが「帰還するか、京都に残るか」の選択を迫られていた中で、既に福島に家を造って再出発した人も、古里を思いつつ放射能への不安で京都定住を決めた人もいるといいます。自身も同じ当事者でありながら、同胞の支援活動に奔走し、「就活に役立てて」とカフェの2階でパソコン教室などを始めたり、避難家庭の子どものための英語教室でも教えたりしています。

「自分を後回しにし、いろんなことをやって疲れてしまったところがある。娘も大きくなってきた。いつまでも避難者の支援でなく、そこから新しい生き方を探したい気持ちもある」。そんなチャレンジで4月から京都外語大の大学院に通い、再び英語の勉強を始めたそうです。

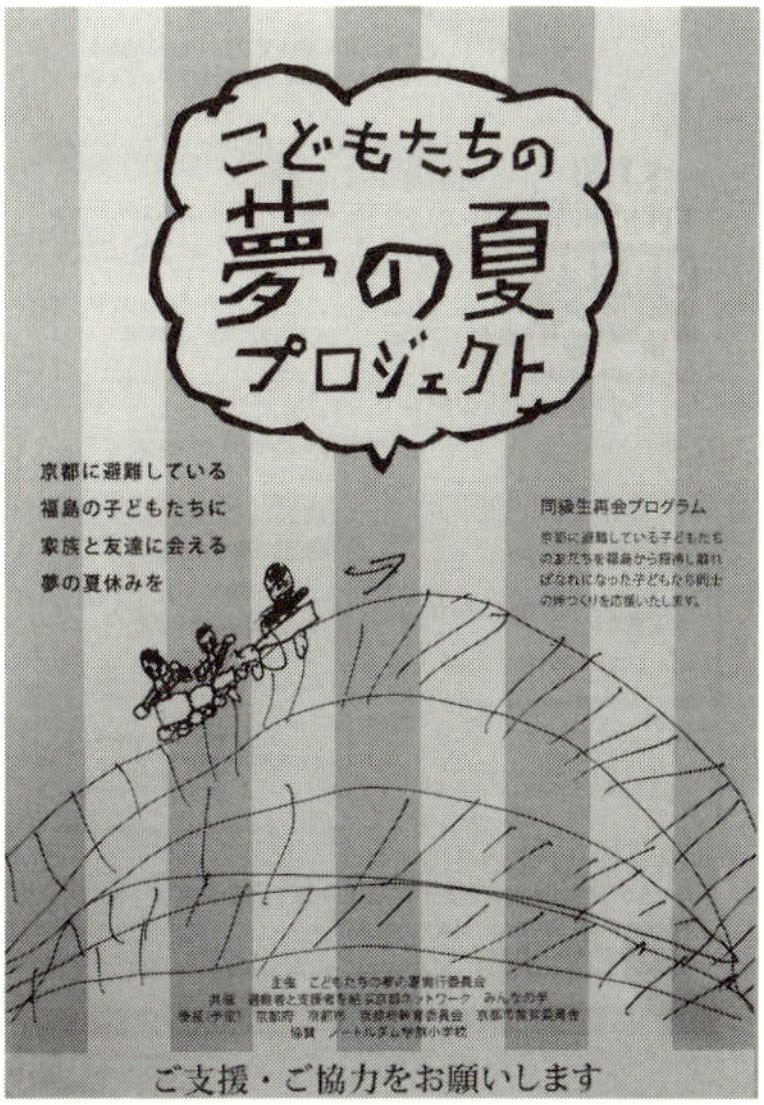
こどもたちの
夢の夏
プロジェクト
京都に避難している
福島の子どもたちに
家族と友達に会える
夢の夏休みを
同級生再会プログラム
ご支援・ご協力をお願いします

「みんなの手」が取り組んだ活動の一つで、京都に避難した子どもたちと福島の同級生の夏の再会プログラム

この数年が最後の活動になるかもしれない「みんなの手」の代表として、いま取り組むのは、京都の地で避難生活の苦楽を共にしてきた仲間たちの証言集づくり。「古里を離れねばならなかった自主避難者の痛みと真実を、みんながばらばらになって、忘れられる前に書き残し、多くの人に伝えたい」。西山さんは忙しい活動を縫って仲間からの聞き取りを始めていました。京都にとどまり、あるいは古里へ帰還した仲間

を訪ねて。

南相馬に仲間を訪ね

雲一つない五月晴れの空が南相馬市の上に広がった17年5月5日の朝。原町区の相馬野馬追《のまおい》祭場に近い県営アパートの駐車場で、福島市からレンタカーでやって来る西山さんと待ち合わせました。避難から6年間の証言集を作るための聴き取り活動で、前年12月、京都から故郷の南相馬市に帰還した仲間の夫婦がこの県営住宅に暮らしているのでした。

「柏餅、好きかしら。いっぱい食べてね」。5階の居室で板倉禮子さん（72）は、京都から一緒に来た娘の真理子さんに勧めました。「季節のものを、おばあちゃんが用意してくれた。去年の今ごろ、おばあちゃんがいたものね」と、西山さんは京都で前年他界した母親をしのびました。禮子さんは続けます。「ここは部屋が広く、きれいにリフォームしてあって、日当たりがいい」。居室は5階で阿武隈山地の緑を眺められ、隣に大きなスーパーがあります。「買い物が便利で、病院も近い。私たちは年金生活だから家賃も安いの」。夫の明さん（75）はめまいがひどいといい、禮子さんも京都の6年間で膝を悪くし、帰還後に手術したそうです。「今は杖をつかずに歩ける。地元に住む妹が毎日来てくれて、世話になって病院に通っているの」

夫婦は福島第1原発から南に20キロ圏にある同市小高《おだか》で、ガスと石油を扱う燃料店を営んでいました。「地盤が緩く、あの地震で近所の家がみんな壊れた。うちは昔の蔵造りだったので、屋根が道路を挟んで倒れて。（避難指示後、放射性廃棄物として）環境省に片付けてもらい、残った家の部分を今

京都から南相馬市に帰還した仲間の板倉さんを訪ね、避難体験の聞き取りをする西山さん＝2017年5月5日

年3月に撤去してもらって、いまは空き地なの」と禮子さん。震災の後、「津波が来たから避難した方がいい」と聞いて店を閉め、高台の小高工業高の前で一晩過ごしました。子どもがいない夫婦は「4日くらい車に泊まって点々とした。地元の道の駅でも一晩お世話になり、ご飯をもらった。それから飯舘村を通って福島市に行き、市役所の避難所で弟から電話が入った。40年前から京都で反物の商売をしており、避難を誘われたので、すぐ行くことにした」。山科区の市営住宅に受け入れてもらいましたが、明さんは「地震当時、小高の浜沿いのお客の家に車で向かっており、すぐに引き返さなかったら津波に巻き込まれていた」と、しばらく夜に思い出しては苦しみました。

人が戻らぬ小高の街

「小高の家の跡を見に行きますか」と艶子さん。「帰還したら家を直そうかなと思ったけれど、い

板倉さん夫婦が小高の街で営んだ店は原発事故後、更地に。当時の暮らしの様子を聴く西山さん＝2017年５月5日

まは空き地ばかり。知り合いからは、小高は戻った人が少なくて商売ができないって聞いた」

県営アパートから車で20分ほど南の小高は、避難指示解除が16年7月12日。それから1年後の17年7月11日の河北新報に『全域が避難区域に含まれた小高区は帰還者２００８人、（登録人口に対する）居住率22・5％』と報じられました。この日、車で通り過ぎた中心部には工事関係者の姿しか見えませんでした。家々は震災当時のままの崩れかけた姿をさらし、解体の順番待ちか、解体工事中か、更地になっています。不通だったＪＲ常磐線の原ノ町―小高間は、避難指示解除で再開しましたが、前述の記事には『地域活性化に向け、市は来年中に小高区内に交流拠点を整備する。延べ床面積約１９００平方メートルの建屋を建設し、貸しオフィス、ボランティア向けの宿泊機能なども持たせる。地元で食材を購入できるよう、公設民営型のミニスーパーの建設も進める』とあり、いまだ買い物さえままならない街の復興策が紹介されていました。

商店街の外れの住宅地に、板倉さん夫婦の家の跡がありました。砂利が敷き詰められた更地に禮子さんは立ち、「ここが蔵（造りの家）、こっちが店だった」。原発事故が起きた当時を西山さんが尋ねると、「地震でガラスがみんな割れ、片づけていたら、『早く逃げろ』と、テレビを見ていた人が教えてくれた。小高には友だちも身内もいたけれど、ずっと連絡が取れなかった。携帯電話の充電器を家に置いてきたから。4日目に車で充電することができ、福島に着いたころにあちこちから一斉に電話が入ってきた」と振り返りました。

街のなじみの人たちとはもう連絡を取っていないそうです。「私は京都にいたし、みんなどこに行ったか分からない。携帯の番号も知らないし」。店の隣人が夫を亡くし、原町に家を造ったという消息をわずかに聞いたそうです。「自分の身内だって離ればなれで、住所も分からない人がいた。帰ってようやく集まる機会ができて、6年ぶりに消息が分かった人もいる」。明さんによると、商売で回った地域には1000戸くらいありましたが、戻ってきているのは1割といいます。

異郷で確かめた絆

西山さんは少したまらいながら「家がなくなった跡に来ると、寂しい気持ちがありますか」と尋ねると、「何十年もやっていたからね、商売を」と艶子さん。燃料店は戦後間もない1951年ごろに両親が創業し、長女だった禮子さんは、神奈川県で働いていた同郷の明さんと見合い結婚をしました。「神奈川に6年くらい住んだが、両親が50代の若さで相次いで亡くなり、2人で戻って店を継いだの」。まだ独立していなかった妹、弟3人も親代わりになって育てたといいます。

燃料店跡で語った禮子さんは、西山さんの地元を尋ねました。「家は福島市ですが、父は相馬市、母が四ツ倉（いわき市）と浜通りの出身。仕事も父が警察官、母も警察職員で、最初がいわきの中央署、次に福島署に転勤して長く暮らしました。子どものころ、夏休みになると相馬に来て、6号線を南下して四ツ倉に行って。だから、浜通りには親しみがある。いまも父母の実家がありますし」と西山さんは語りました。そして、しみじみと「違う場所で生きていた私も、京都に行かなければ、板倉さんと知り合いになれなかったね」。

艶子さんは避難生活にも楽しいことがあったと言います。「膝が痛くなる前は散歩できた。京都で出会った避難者の仲間と、杖をついてあちこち出かけたなあ」。県営住宅の居室の壁に、散歩する板倉さん夫婦の写真が載った京都新聞の「夫婦　原発20キロ圏から京に避難　44年目『新婚』　前見つめ」という記事（12年1月8日の朝刊）がありました。

古里に戻ることがないかもしれない不安と焦燥を、隣で眠る禮子さんの横顔に救われた——と記事にはつづられていました。妻を誘って近所の桜並木を歩き、買い物や観光地など、必ず一緒に出かけるようになり、まわりから「年寄り新婚」と呼ばれた——と。「燃料店を継いで以来、忙しさで夫婦げんかをする暇もなかった」という2人が、異郷の暮らしの中で絆をつなぎ直していました。震災前の古里の姿も隣人も家業も戻りませんが、「これからを生きていく力を京都で得た」と言います。そんな夫婦を温かく支えたのが「みんなの手」の活動でした。

福島のいまを知るツアー

17年12月29日、年末の帰省客で混雑していたJR郡山駅（郡山市）に、真理子さんを連れた西山さんの姿がありました。午後1時の待ち合わせに家族連れや夫婦ら計11人が集い、駅前から3台のタクシーで同市田村町に向かいました。目的地は造り酒屋「仁井田《にいだ》本家」。「みんなの手」が企画する「ふるさととつながろうツアー」の一行でした。

「古里を離れて避難生活を送る仲間に『福島のいま』を知ってもらうチャンスにしてほしい」と西山さんは語りました。今回は関西圏より広い範囲の各県庁に依頼して福島からの避難者へのお誘いメールを流してもらい、初めて福井、山梨からの参加者があったそうです。20分ほどの車中で、年配の運転手が問わず語りにぼやきました。「『八重の桜』（13年放映のNHK大河ドラマ）の当時は、郡山にも観光客がいくらか流れてきたが、それで終わり。地元は誘客のイベントを頑張っているけれども、客はいまだにさっぱり。県産品と同様、原発事故の風評が続いているんだ」

仁井田本家は、旧田村町の里山と水田の風景に溶け込むように立つ古い酒蔵です。「京都で出会った避難者に郡山の居酒屋の奥さんがいて、自然を大切にした酒造りをしている、と教えてくれた。福島のお酒を応援して『みんなのカフェ』で使わせてもらおうと、『写楽』『花泉』（いずれも会津）などとともに取り寄せたのが仁井田本家のお酒。それ以来、訪ねてみたかった」と西山さん。福島県産の酒は近年、「全国新酒鑑評会」を席巻しています。2016酒造年度も、金賞受賞が都道府県別で22銘柄で最多となり、5年連続日本一を達成しました。福島第1原発事故の風評払拭のために地酒の業界が一丸となった研究と努力の賜物だといいます。「温暖化の影響で酒米の適地が福島に移って最高の酒を作る条件が整い、原発事故がなければ本来、福島の酒は全盛期を迎えていた」という評価も、西山さんは聞いていました。「福島で頑張っている人々の生の声を共有したかった」

風評に抗う「自然酒」造り

「金寶自然米栽培田」。仁井田本家の自社田にはこんな看板が立っています。「金寶」はよく知られた伝統銘柄の酒の名前です。「1711（正徳元）年の創業から300年を迎えた年に、東日本大震災と福島第1原発事故が起きた」と18代目の社長仁井田穏彦《やすひこ》さん（52）は、ツアーの一行に語りました。計6ヘクタールの自社田で「稲わらだけを田んぼに返す」という栽培法で「日本で初めて無農薬、無肥料の自家栽培の酒米と天然水で作る酒を実現させた、その年だったのです」。放射性物質の拡散エリアから外れた旧田村町では大気、土壌ともに汚染を免れましたが、風評で「売り上げは2割落ちた」。自然食品や有機栽培（オーガニック）、環境に優しい商品を支持する消費者ほど原発事故の影響を厳しく敏感に受け止め、それゆえに「福島県内で有機農業に取り組んできた生産者は販路を失い、いまも苦戦している」。

酒米や水、出荷前の酒の検査結果が問題ないとPRするだけでは効果がなく、仁井田さんは消費者たちに酒作りの環境、プロセス、味を知ってもらうイベントを続けています。田植え、草取り、稲刈りまで手作業の酒米作りから、新酒を搾って味わうまでを体験する「田んぼの学校」です。除草を助けてくれる希少な「カブトエビ」が自社田に生息しており、あくまで自然な酒造りの象徴です。秋の

「ふるさととつながるツアー」で郡山市田村町の酒蔵を見学した避難者の一行。風評に挑む福島の人々の努力に触れた＝2017年12月29日

「感謝祭」には自然・有機栽培の農家や加工食品作りの仲間たちも店を出し、「田んぼの学校」の参加者と交流しています。消費者とじかにつながる酒造りの努力で、これまでに参加者は延べ5000人を超えました。

西山さんは、みんなのカフェでの経験を思い出したといいます。「開店した当初、『福島のものを食べたくない』という声を聞き、福島の酒を店で出すことに迷いがあった。でもそれから、日本酒は原料のコメを芯近くまで丹念に削って（精米して）いると知りました」と、仁井田さんの話の後に手を挙げて語りました。筆者が取材した飯舘村のコメ試験栽培でも精米後の放射性物質は皆無で、福島県が風評対策で毎年実施する新米の全袋検査では15年から玄米段階で検出ゼロが続いています。仁井田本家の人々も風評に抗いながら自然な酒米作りを貫き、消費者とも協働を重ねることで、安全を実証し信頼を培ってきました。

古里とつながる思い

ツアー一行からも手が挙がり、「古里の人たちのこれほどの頑張りを知って、勇気をもらった」「努力の結晶のお酒を味わってみたい」「もっと多くの人に知ってもらいたい」と口々に共感が語られました。参加者たちは搾りたての原酒や「自然酒」、「穏（おだやか）」などの銘柄を「おいしいね」と試飲し、避難先へのお土産にお酒、麹の加工飲料やスイーツを買い求めました。放射能の不安から遠い異郷へと離れた人々が、再び古里とつながった瞬間です。

「お土産を買う人はいないかもしれないとも思った」という西山さんの心配は外れました。子どもの健康や被ばくへの懸念から避難した人々は、福島産のものに抵抗を感じることもあるからだといいます。「ツアーのみんなは、古里を応援しようという思いになってくれた」。西山さんの親しい仲間で、子どもと一緒に京都に避難している女性がツアーに毎回参加してくれています。福島市に残って仕事をしている夫も合流し、家族でこの日を楽しんだという女性は「帰ってこようかな。福島で頑張っている人たちの話を聴かせてもらったから」と語ったそうです。

福井県への避難者で、初めてツアーに参加した独身の女性もいました。会津で看護師をしていましたが、原発事故と同時期に仕事をなくし、地元の混乱も重なった折、福井の友人から『仕事に空きがある』と知らされ、避難を決心したといいます。ツアーへの誘いのメールを受け取り、「1人きりで孤立感があって、疲れていた。参加してもいいですか」と西山さんに電話をしたのが縁の始まり。避難先になじめず、原発立地県である地元の空気も違い、ストレスのためか体調を崩して仕事を休んでいたそうです。仁井田さんの話を聴き、6年ぶりに同胞たちと交わり、「福島の人とつながれてよかった」。帰路の郡山駅では最後まで残って名残を惜しみ、涙を流して西山さんと握手をしました。

西山さんは、「福井に1人でいないで、よかったら京都に来てみてと誘ったの。彼女が『会津は良かった』と言うので、古里がいやになった訳ではないのだから『戻ってきてもいいんじゃないの』と尋ねてみた。看護師ならどこでも仕事ができるのだから、私が会津に帰るチャンスを探してあげてもいい」と笑顔で語りました。「避難者には、いまも彼女のように孤立に悩み、声を上げられないでいる人がたくさんいる。もっと呼び掛けを広げて、このツアーを続けていかなくてはと思う」

会津出身の女性は、その後も西山さんが連絡を取り、18年1月7日、「みんなの手」が正月の京都で催した餅つき大会に福井から参加したそうです。かごの鳥のような避難生活から「ようやく一歩を踏み出してくれた。いまは看護師の仕事への復帰は考えていないそうで、『京都に出て、新しいことをしてみたい』と笑顔で話していた」と、西山さんもうれしそうに語りました。

人生の選択は2年後に

それでは、西山さん自身は今回の「ふるさととつながろうツアー」で何を見つけたのでしょう。「私が福島を離れた2011年と比べて、古里は変わってきた。震災、原発事故があって、みんな、しんどい経験をしてきたのは同じ。残った人たち、とりわけ自然と関わって『ものづくり』をしてきた人たちは、風評をはじめ、さまざまな困難、課題にぶつかってきた。でも、仁井田さんのように自らの原点に戻って、信じる道を追い求めている人たちがいる。がけっぷちに立たされ、見えてきた道を極めることで苦境を乗り越えようとしている。マイナスからの出発であっても真剣勝負を続けている。そんな福島の姿が見えてきた」

頼る人もなかった京都で開いた「みんなのカフェ」の経営者の自分を、そこに重ねたといいます。「みんなの手」の活動には福島県などが支援の補助金を出してきましたが、「それも東京オリンピックがある20年までかもしれない」と西山さん。「これから京都の仲間の生き方がそれぞれに決まれば、活動の役目は小さくなっていく。最後は、私自身が京都に残るか、福島に帰るか――という人生の選択だが、それはまだ決められない。やりかけのこと、始めたばかりのこと、新しい目標を見つけたことがあるから」。西山さんは前述のように福島市や仙台市で英語の通訳者、講師の仕事をしていましたが、原発事故で運命が変わらなかった同胞がいなかったように、元の生活、元の自分に戻ることは難しいと感じています。

避難者を支える活動とは別に、自らが悩み、試行錯誤し、いまの目標にしているのが「自立」。経営して4年半余り、京都での生活の柱になった「みんなのカフェ」を、もう「福島からの避難者がやっている店だから」でなく、「名物料理の味を極める」ことで選ばれる店にしようという挑戦です。「こだわりたいのが『わっぱ飯』」。杉の「曲げわっぱ」の丸い弁当箱ごと、ご飯と旬の食材をだし汁で蒸し上げた会津の郷土料理です。「みんなのカフェ」では3年前から定番メニュー（鶏、帆立、鮭の3種）で、「うちのわっぱ飯は、だし汁の味などを京都の人の口に合うように工夫した〝京わっぱ〟」と西山さん。今回のツアーに合わせて、店の2人の料理人と本場会津のわっぱ飯の店を巡り、さらなる研究をしました。「古里の味を京都に伝え、それを通して『福島』が自然に受け入れられていけたら。京都と出合い、福島との縁をつなぐ自分の使命であり、人生の仕事のように思える」。カフェのある町屋の賃貸契約もあと2年。「そこまで真剣勝負をすれば、次の生き方も見えてくるでしょう」

対談「取材7年　福島の被災地から聞こえる声」

津田喜章（NHK仙台放送局「被災地からの声」キャスター）×寺島英弥

NHK仙台放送局のテレビ番組「被災地からの声」は、2011年3月11日の東日本大震災発生から6日後に取材が始まり、被災地の悲惨さを「切り取って見せる」他のニュースと違い、東北3県の現場で出会った人々の日常の思いを「語ってくれるまま」に伝えてきました。放送は丸7年、330回を超え、最も息長い震災報道の番組を通してキャスター津田喜章さん(45)が福島の原発事故被災地で聞いてきたものは何でしょう。郷里・福島で同じく取材7年の筆者が聞きました。

当事者に語ってもらう

寺島　東日本大震災、福島第1原発事故から7年。被災地の人々を継続的に取材し、その声を伝えようとする現地からの発信は希少になりました。その1つである「被災地からの声」について、まず津田さんからご紹介ください。

津田　番組が始まったのは2011年3月20日で、震災発生の6日後に取材を始めました。われわれの経験したことのない、戦争に近いような事態が起きて、何を、どんな切り口で伝えようか、という議論をする余裕はなく、話を構成して取材、編集する普段の番組作りをするような悠長な場合ではありませんでした。何ができるかと考えた時、取り合えずカメラはある、マイクもある。まだ取材していない所へ行って、誰かが語ることをそのまま伝えるのが、いまできるベストではないか——と走り出しました。私は20年仕事をしていますが、初めてのやり方でした。全国放送をし、その後は東北地方で週1回で放送され、不定期ですが全国放送もしています。現場で初対面の人の話を聴いてカメラを回す取材は、延べ約4000人を重ねています。

寺島　とりわけ震災の最初の年、被災地の人から聞かされたのが——テレビのワイドショーはその代表でしたが——、当事者の話から取材者側が欲しい部分だけを「切り取る」報道でした。「聞いてもらいたいことが伝えられず、相手に都合よく利用された」「顔も名前も出さないで、とお願いしたのに全国放送で流された」といった被災者の憤りをよく聞かされました。

津田　当事者が言いたいことを言ってもらい、撮った人は全員分、番組で流すのが当初からのルールです。時の政権批判が語られることもあり、それもありのまま流しました。

寺島　政府の姿勢や施策、失態への批判も、震災や原発事故では被災者の怒りの一端ですから。自分たちが一番訴えたいことを伝えてくれる、という当事者の信頼が重ねられて、7年もの長い番組になったのですね。私も震災の5日目から「余震の中で新聞を作る」というブログを書き始めました。未曾有の破壊と犠牲の現場で見た光景、聴いた言葉、音やにおいも、読む人に追体験してもらおう、そのために一片の情報も削るまいと決心しました。

津田　私自身は宮城県で被災しましたが、福島県の人々の原発事故の苦しみというのは、本当のところ、永遠に分からないものかもしれません。でも、福島の被災者を訪ねて話を聴くわけです。「何でもいいから話してください」と3時間も、こちらは質問を挟まないくらいに聞き役に徹しています。そうして初めて信頼を得られ、福島の現実を伝えられてきたのだと思います。

被災地を郷里とし

寺島　津田さんの古里は石巻市ですね。ご実家など、津波の影響はいかがだったのですか。

津田　実家は中心部にあって津波で流され、いまは更地です。家族は無事でしたが、身内や友人知人が亡くなりました。震災の当事者の意識はあり、学校の避難所で「ここから早く出ないと子どもたちが学校に戻ってこられない」と気の毒がる高齢の女性を淡々と伝えられず、「そんなことはない。堂々と胸を張っていてください」と励まし、そのまま番組で流れたこともあります。

寺島　私は福島県浜通りの相馬市生まれです。高校生のころは狭い田舎を出たかった者ですが、同じ浜通りが被災地となった福島第1原発事故から、初めて「同胞」に目覚めました。相馬野馬追《のまおい》の祭りや同じ方言、歴史を共有する人たちの苦難を前に、自分には何ができるのか、自分は何者なのか、という問いを突きつけられました。

津田　番組で延べ約4000人の声を聴いてきて、根底にある真理を見つけた思いでいます。生まれた土地は人格の一部であるということ。それが否定されたり、消滅したりすると、人は生きるための柱を折られるのです。特に福島の被災者は、天災に加えて原発事故という人災によって、人格を否定されたのだと感じます。

寺島　津波被災地では物理的な力で多くの命や集落、生業の場が根こそぎ奪われ、それを取り戻す努力も始まりましたが、原発事故の脅威や恐怖は目に見えず、無人になった被災地の風景も全く

津波で流された北上川沿いの石巻市中心部。寒さと雪も被災者を苦しめた＝2011年3月17日

違うものでした。人々が理不尽と嘆くものの対象も。当初、北と南の被災地を行き来した自分の頭で、２つの現実を同時に受け入れることは難しかったです。

津田　福島の被災地にとって最大の悲劇は、壊れなくていい人間関係が壊れていること。区域の違いによる賠償の格差、自主避難者と地元に残った人々の間の葛藤など、隣近所で仲良く暮らしていた人たちが巻き込まれたのです。家族の離散も含めて、津波の被災地と異なるところです。

家族の離散と分断

寺島　飯舘村《いいたて》は3世代、４世代の同居が当たり前でした。福島県の放射線アドバイザーだった医学者らが政府の公式見解と同様に「安全だ」と村で繰り返し講演し、その後に首相官邸から全住民避難の方針が発表されて、村内は大混乱に陥りました。その前に、高い放射線量検出の報道を知った多くの若い世代が避難し、最後に高齢者たちが仮設住宅に集まることになった。あっという間に起きた家族の崩壊と分断でした。

津田　人間関係が壊れる時は、どちらかに非があるものですが、原発事故では被災者の誰もが懸命に生きようとしており、誰にも非がないのです。

寺島　安全の物差し、信ずるべきより所、共に目指して歩む方向も未来も一度に失われ、それぞれが手探りし、まず自分たちを守るほかにすべがなかったのでは。

津田　原発事故から間もなく7年。政府は避難指示解除の後、1人でも多くの帰還を促そうと考えていますが、その間、避難者に長い「仮の人生」を送らせるなど無理があります。避難当時、小学1年生だった子どもは中学生になる。それぞれの生活がある以上、誰も責められません。

「町残し」が目標に

寺島　「以前は町おこしに注力したが、今は『町残し』が求められている」と避難指示解除後に語ったのが、浪江《なみえ》町の馬場有町長。政府が帰還困難区域を対象に、集中除染をし、住民を帰還させる「復興拠点」を設ける方針を出しましたが、成否も分からない構想にしがみついてでも町を残したい、というのが自治体の長の目標になったようです。

津田　もっと深刻なのは高齢化率の今後を見た時、被災地の町や村が20年後に存続しているかどうかという問題。例えば葛尾《かつらお》村は1500人ほどの自治体ですが、戻っているのはほとんどお年寄り。20年後を考えると、世代交代を補うだけの若い人が帰ってこない限り、住んでいる人はいなくなる。それが根本的な危機ではないでしょうか。

寺島　政府の被災地支援は、飯館村の場合には以前の自治体予算の5倍といった規模の復興予算投入などを通じて、土木工事や公共施設づくり、省庁縦割りのメニュー方式の復興事業などが中心。人のつながり、支え合いで成り立っていたコミュニティーの再生には遠いものです。

津田　福島の人たちと話をして思うのは、現実として古里を離れて新しい家を建てたという人がかなりいますが、「帰らない」選択をした人でも、古里とのつながりはなくしたくないのです。埼玉県に避難して家を建てた人を取材しました。その人は埼玉にいる福島からの避難者を訪ねて歩いて、つながりを保つ会をつくっています。古里を欲している、自分の人格の一端を取り戻したいのだと感じました。でも、福島の地元に戻っているのは年配の人たちで、将来は人がいなくなってしまうのではないか、と分かっている。ただ、自分ではどうしたらよいのか分からず、みんなで悩んでいるのです。

寺島　浪江町から南相馬市に避難して会社を再興した男性がいます。家屋の損壊状況を判定する診断士として古里の浪江町に通って調査しており、取材で同行させてもらいました。家々の内部に入ると、動物の侵入でめちゃめちゃにされ、すさまじい荒廃ぶりでした。町は「新築する人には補助を出します」と避難者に帰還を呼び掛けていますが、調査に立ち会った家主たちの落胆は痛々しく、「諦め」を確認する行為にも思えました（『「3月11日」から6年半の荒廃　遠ざかる古里を見つめて』の章参照）。

古里は人格の一部に

津田　私も今年（17年）秋に浪江町に行って、町の人々の体験を紙芝居にして伝えているお母さんを取材しました。そのお母さんの家にも連れていってもらい、荒れてひどい状況を目にしましたが、4人いる家族の間で「壊すか、残すか」の意見が割れていると聞きました。つい最近話が決まって、「あずまやを造って、週末にカフェみた

解体を待つ家々と更地が広がった浪江町の中心部＝2017年8月23日

いにしようか」と子どもさんが言っていると聞きました。そこに住まなくても、一生つながりたいという思いのようです。古里が絶望的な状況でも、「なくなっていい」とは誰も思っていないでしょう。自分はなかなか寄与できないけれど、週末だけの集いの場をつくれば、それを楽しみに町民が帰ってくる。どんな形でも、「通い町民」でも、古里を残していこう――。それでいいのではないでしょうか。「住まないけれど、町民です」と胸を張って言える生き方に、私は光を見た思いでした。ただ帰還を促すだけでは、どんどん人が離れていくだけ。そんな柔軟な発想を、自治体も政府も考えていかなくては。

寺島　浪江小の仮校舎が二本松市にあり、原発事故前に600人いた児童は全国に避難して、取材した当時、全学年で十数人が通っていました。学校は「ふるさとなみえ科」を設け、町の祭りや行事、歴史、文化、名物などを避難中の町の人から学んでいました。避難指示解除前の町に15歳以下の子どもは入れず、児童たちは、記憶がどんどん薄れていく古里を「学ぶ」ほかないまま育ったわけです。「浪江町を忘れないで」という大人たちの願いがこもった授業ですが、とても切ない思いをした取材の一つでした。

津田　ノーベル文学賞を受賞した英国の作家カズオ・イシグロさんが、テレビのインタビューでも語っていたのが「自分は日本の人間です」。親が日本人で5歳で英国に渡り、母国語も英語で、99％英国人ですが、「私の人格、文学の創作、すべてに通底しているのは日本」と。浪江小の児童たちも、二本松で育っても「浪江」は彼らの中から消えてなくならないと感じます。例えば文豪の志賀直哉は、旧相馬藩士の子どもとして石巻で生まれ、2歳まで過ごしました。後年、尾道（広島県）の町が大好きになり、なぜかを考えた末、やはり坂が多く港も船もある「石巻の風景に似ているからではないか」と書きました。たとえ、どんなに否定されたところで、生まれ落ちた所は人格の一部になる――多くの人を取材しての確信です。戻りたくても戻れない人が多い現実にあって、「住まないけれど、私は町民です」と胸を張って言える生き方を認めない政策は、うまくいかないと思います。

多様な形の「帰還」を

寺島　飯舘村の比曽《ひそ》という地区は、避難指示解除の後、86戸のうち4戸しか戻っていません。除染は不完全で、居久根《いぐね》（屋敷林）や山林はいまだ放射線量が高い。農地は一から再生せねばならず、買い物の場所も村になく、厳寒の冬の除雪体制は縮小し、自力で除雪をしないと村外から介助ヘルパーも来られない。隣人は遠く、もしトラクターで事故を起こしても誰も助けに来てくれない。取材して、ドラマ「北の国から」のような開拓者の苦闘を見てきました（『あのムラと仲間はどこに帰還農家が背負う開拓者の苦闘』の章参照）。帰還者がぽつんと「点」になって孤立した地域も多いと思います。そこで語られるのが、草刈りや水路の泥上げなどの共同作業、地元の祭りや神社の維持などをどうしていくか、という悩みです。「戻る人がやってほしい」「そんなのは無理だ」と住民の間で議論があったそうです。飯舘村は「帰る人も帰らない人もネットワークでつながり、支えあう村」という目標を掲げ、帰還者の労苦を知らぬ行政の都合の良い発想だとも、人が流出する村を保っていくにはそれしかないのか、とも感じました。ただ、確かに「もう高齢で、冬が厳しい村には常に住めないけれど、家屋解体の後に小さな家を建てて、農作業をしに通う」という人がいます。自分の好きな生き方から、さまざまな「帰還」の形が少しずつ増えていったらいいなと思います。

津田　そうですね、一握りの帰還者に古里を残す責任を背負わせてはいけません。帰る人も帰らない人もみんなで残すことを考えなくては。いまの生活が個々にどんな形態になっていても、「草刈りの共同作業やお祭りに集まろう。力を合わせていこう」とか。高齢者だけになった町が、1人、2人と減っていくのを見ることが一番つらいです。

寺島　もう一つ、心が痛んだのは、原発事故後の混乱と長い避難生活で多くの人がストレスを抱え、私の取材した人々の中にも、がんのような病気になって亡くなる人がいたことです。うつなどの心の病に悩んだり、認知症や体の衰えを進ませたりする人も仮設住宅などで多く見聞しました。「生涯現役」が当たり前だった環境から切り離され、あるいは将来への希望を失って。原発事故がなかったら、なるはずのない運命だったと感じます。原発事故のひと月後から取材した飯舘村の女性で、夫と農業を頑張り、村で初めての民宿を開き、避難後の仮設住宅では管理人として苦労し、2年目にがんを発症して手術と闘病を重ね、念願した帰還を果たしながら避難指示解除の5か月後に他界しました。民宿の再開は断念しましたが、「わが家を、いつでも人が集まり、泊まれる場所にしたい」と願っていました。その夢が、いまこそ大事なものだったと痛感しています（『望郷と闘病、帰還　そして逝った女性の6年半』の章参照）。

若い夫婦の自死

津田　今年（17年）1月に「それでも、生きようとした　原発事故から5年　福島からの報告」というNHKスペシャルが放映されました。そこでお伝えしたのが、川内村で14年4月に自死した若い農家の夫婦のことでした。前年にわれわれスタッフが「被災地からの声」の取材でお話を聴いた一家の次男夫婦で、村にいち早く帰って、また農業をやろうと希望に燃えていました。結婚して間もない2人が命を絶ったのです。私にそれを知らせたのは、村にいる親友から番組のホームページを通して届いたメールでした。親友はなぜ亡くなったのか分からず、私はお母さんと何度か手紙のやり取りをしましたが、やはり理由は本人たちしか分からない、という返信でした。

寺島　私も見て衝撃を受けました。コメ作りを再開して販売先を開拓しようと支援者たちに声を掛けたけれど、誰もイベントにやって来なかったとか、叔父が避難先で自死したことのショックとか、NHKスペシャルでは背景にあった出来事を伝えていましたね。

津田　完全な推測ですが、川内村に帰ってみて、以前の暮らしは戻らない、うまくやっていけないと思ったのかもしれないし、古里が元の古里でなくなっていた現実を感じて、それに耐えられなくなったことが一端にあったのでは。自分の人格の一部が原発事故によって否定された現実を見てし

「お帰りなさい」の看板を掲げて帰還者を待つ川内村の役場＝2017年3月28日

まって。相馬市では、牛小屋に遺書を書き残して自死した農家がいました。川俣町では、避難先から一時帰宅した女性が焼身自殺するという痛ましい出来事もありました。実際に取材中の町で「自死した人がいる」とリアルタイムの話を聞いたこともあります。自分がそれまで積み重ねてきたことが根底から失われて、自分の人生、人格までも否定された気持ちになったことが通底しているのではないか、と推測するのです。

寺島　飯舘村に帰還して避難指示解除の5か月後に亡くなった女性は、自宅に戻ってから、あまりに短い暮らしでしたが、「自分には悔いがない。帰ってきて良かった。ここにいると、体の具合は悪くとも、心は安らぎ、自由でいられる」と語っていました。古里に帰り、古里と一つになって最期を迎えられたら幸せと願ったのかもしれません。津田さんがおっしゃるように、自分が自分に戻れる唯一の場所なのですね。「仮設住宅では死にたくない」と話す年配者たちを思い出しました。誰も、古里喪失者にはなりたくないのです。

「難民」の苦しみさえ

津田　震災を通して、私は「古里」を根本から考えさせられました。普段、意識することもなかったのに、これほど深く自分と人生に影響していたのか、と痛感しています。もはや人格と切り離せないものなので、失うと、人間は非常に不安定な存在になってしまう。

寺島　相馬市で震災と原発事故の後、被災者の心のケアの支援をしてる「メンタルクリニックなごみ」があります。所長の精神科医、蟻塚亮二さんは、私の取材に、「歴史上、原発事故の避難者(最多の時期で16万人超)に比肩できるのは第二次世界大戦中の旧満州（中国東北部）や沖縄戦で生まれた「難民」ではないか、古里を喪失した避難者もまた難民の状況にあるのではないか」と指摘しました。沖縄で長く診療し、戦争体験の心の傷による心的外傷後ストレス障害（ＰＴＳＤ）を多くの高齢者に見つけた人です。同様のＰＴＳＤの症状が原発事故の被災者に見られるといいます。「寄り添う」と口では言いながら、さらに被災者の苦難や古里さえ否定したのが、今村雅弘前復興相の「東北で良かった」発言。別の機会には、自主避難をする人々について「古里を捨てるのは簡単ですよ」とも語りました。原発事故への謝罪も反省の言葉も聞かれないまま、被災者の心の傷は今も癒えません（『被災地の心のケアの現場で聞いた「東北で良かった」発言』の章参照)。

津田　人の人格を成す柱の一本を自分たちは無理やり折られたのだ、自分たちがどれほどのものを奪われたか、政府や東京電力にまず分かってほしい——というのが、福島の人たちの怒りであり、訴えたいことなのではないでしょうか。いきなり賠償金に換算される以前に適切な謝罪をされたなら、少なくとも心を救われた人がたくさんいたはずだと思います。

寺島　飯舘村から福島市に避難し、みなし仮設のアパートに家族と離れて暮らした高齢の女性がおり、私は縁あって訪ねていました。よく訴えられたことが、「周囲の地元の人から『あの人は避難者で賠償金をいっぱいもらっている。だから働かなくてもいいんだ』と、いわれもない陰口を広められ、それが嫌になって散歩もやめて部屋にこもっている」という話でした。女性は「なぜ、そんな仕打ちを」と嘆き、うつを病みました。人と人の関係を分断する、という原発事故の残酷な本質が避難者をどこまでも苦しめていた例です。

希望は若い世代に

津田　一筋の光も見えています。「被災地からの声」で3年半前から「若者・子ども編」を続けていますが、震災、原発事故の当時、幼稚園児や小学生だった子どもたちに話を聴いてみると、「どんな形でもいいから、生まれ育った所の役に立ちたい」とみんな言うのです。古里の意味を、誰から聞かされたわけでもないのに。やっぱり、生まれた土地の価値をきちんと論じないと、被災地の復興も「地方創生」もうまくいかないと思えます。高度経済成長以来の日本が忘れてきたものを、震災、原発事故が教えてくれた。被災地の大人たちもそうです。自分のこれからのことだけでなく、「この町がにぎやかになってほしい」と地元のことを考えている。たとえ自分の商売がうまくいっても、周りに何もなければ幸せになれない、と。それくらい「古里」のかけがえない価値を裸にして見せた災害でした。

寺島　相馬地方の被災地の取材を始めてから3年ほどの間ですが、仮設住宅などから帰る度、「同胞が苦労しているのに、自分だけが何かを楽しんだりするのは罪悪だ」と感じていました。やがて被災者の人たちがそれぞれに「生き直し」を模索していく中で、自分の心も復興させなくてはいけない、と思うようになりました。自分ができることで同胞に役に立ちたい、という気持ちとともに、いつの間にか、「自分は相馬の人間です」としゃべっています。今回の取材でも、原発事故をきっかけに「双葉郡の避難者のために役立ちたい」と新しい自らの役目に目覚め、被災地を全国につなげようとスタディツアーを催す、いわき市のホテルのあるじに出会いました。「生き方が変わった」と語っていました（『被災地へ３５００人をガイド　湯本温泉ホテル主人が伝え続ける原発事故』の章参照）。

津田　福島ばかりでなく、東北の被災地でそのことに気づいた人は多いんです。各地で取材した30～40代に、東京などからUターンして実家の家業を継いだという人がけっこういます。自分が「帰ってくる」という選択があることに気付かされた人がいっぱいいるということ。傷ついたし、悲しい思いをしたし、まだ立ち直れない人も多いけれど、唯一、共通して見出したものが古里です。それを生かせれば、復興に結び付けられれば、これからでも遅くはなく、震災、原発事故から取り返せるものが見つかるのではないでしょうか。

＊「被災地からの声」の放送は毎週日曜、総合（東北）午後1時05分～1時28分。

あとがき

この本のための最後の原稿の執筆、加筆と校正に追われた２０１７年の暮れから18年の2月は、ひどい寒さと雪が続きました。筆者が38年間の記者活動をした仙台市の河北新報をいったん退職し、あらためて朝刊コラムを書きながら２０１１年以来の被災地取材を続け、一人のものを書く人間として再出発したその冬です。足腰に鋭い痛みが起こり、歩けないほどになり、変形性股関節症と分かりました。３年ほど前から痛みを感じながら、現場を巡る忙しさの中で気にも留めず、また、自分の「若さ」がいつまでも続くものと疑わず、走り続けてきた末のことです。いつにない冬の寒さと暗さも身に染み、初めて自分の「限界」を感じて落ち込みましたが、目の前の原稿に入っていくと不思議に忘れていました。飯舘村の氷点下10度の寒気と凍りついた雪、支え合う隣人もいない集落の家で冬に耐える帰還者らに思いをはせるたび、その心の痛みがわが身に伝わってきたからです。

本書に登場するのは、東京電力福島第1原発事故という放射線災害、その後の長い避難生活によって運命を変えられ、暮らしと生業を奪われ、家族と同胞から引き離され、元に戻ることのない古里の姿に傷つき、帰るか否か、あるいは帰るに帰れない、さらに帰ってどう生き直すか――という葛藤に苦しむ人たちです。いずれもが心を引き裂くような選択を、冷酷なまでに福島県内の被災者に迫ったのが17年3月末（富岡町は4月1日）の避難指示解除でした。新潮社「Foresight」にオリジナル原稿が掲載されてきた本書は、同県浜通りを中心に政府が発した「避難指示」の7年目の解除を時間軸として、被災地に何が起きているのか、何が変わって変わらないのか、被災者は新しい現実をどう生きようとしているのか――を記録しました。いずれも、筆者が数年来の取材の縁を重ねた人々の「いま」です。そして、18年3月11日が過ぎ、時計の針は福島第1原発事故から8年目を刻んでいますが、「被災地では何も終わらず、始まってもいない」というのが筆者の感慨です。

『国の放射線審議会は19日、東京電力福島第1原発事故後に政府が除染の目安とした空間放射線量（1時間当たり0・23マイクロシーベルト）が妥当かどうか議論することを決めた』。同年1月19日のこんな出来事の記事（共同通信）が河北新報などに報じられました。記事には、この動きのきっかけ、意味づけとして、更田豊志・原子力規制委員会委員長の『17日、事故後に福島県の住民らが身に着けていた線量計の実測値などに基づけば、目安の数値が「4倍程度、保守的」であり実態に合わないのではないかと指摘。「改めないと復興や住民の帰還を阻害する」と述べていた』という見解が併記されていました。

政府の基本方針「原子力災害からの福島復興の加速に向けて」（15年6月）には、こう明記されています。「住民の方々が帰還し、生活する中で、個人が受ける追加被ばく線量を、長期目標として、年間1ミリシーベルト（換算すれば0・23マイクロシーベルト毎時）以下になることを引き続き目指していく」。さらに線量水準に関する国際的・科学的な考え方を踏まえた対応を「住民の方々に丁寧に説明を行い、正確な理解の浸透に引き続き努める」と自らに課しています。いわば、被災地の生活環境を最低限度で取り戻していくという福島県民への公約を、避難指示解除後になって引っ込めようという話です。「改めないと復興や住民の帰還を阻害する」というのは、できぬ公約をしたという政府の無責任さを認めるようなもの。信頼して帰還した人々にどう説明するのでしょう。被災自治体のアンケートでは、除染後も残る放射線への不安が、多くの住民が帰還に二の足を踏む理由の上位にあるのです。

「放射線への不安が住民の帰還の気持ちを阻んでいるのは確か。にもかかわらず『もう除染は終わった』と国が言うのなら、これまでの実験の成果を生かす居久根除染を、村独自の予算を付けて、仲間の帰村を支援する事業として俺たちにやらせてほしいんだ」。本書の『居久根は証言する　除染はいまだ終わっていない』の章に登場する飯舘村の農家、菅野啓一さん（65）の言葉。環境省の除染の不充分さを示す居久根（屋敷林）の高い放射線量を、自らの除染実験でほぼ「0・23」に下げた人です。古里の再生を願う挑戦と成果を、霞が関の人たちはどう受け止めるでしょうか。どちらが、あり方として正しいのでしょう。まえがきに記した「避難指示解除とは何だったか？」という問いも、また次の1年に投げ掛けていかねばなりません。

「生まれ育った古里は人格の一部です」と最後の対談で語ったのは津田喜章さん（ＮＨＫ『被災地か

らの声』キャスター)。それを奪われた人々の心の傷は、「現在進行形のまま何年、何十年でも心の底で熾火《おきび》のように熱く燃えていて、いきなり『今の私』に飛び込んでくる」(『被災地の心のケアの現場で聞いた「東北で良かった」発言』の章)という痛みを発し続けています。ぜひ読者に「我が事」として分かち合っていただき、被災地を訪ねてくださったら。筆者にとっても人生の仕事になりました。

出版に当たって、大切な縁をいただいた郷里・福島の被災地の方々、いつも励ましてくれる友人たち、被災地からの発信を応援してくださる新潮社「Foresight」編集長の内木場重人さん、前編集長の安河内龍太さん、東日本大震災と福島第1原発事故の取材から6冊目となる本づくりを後押ししていただいた明石書店編集部の森本直樹さんに心より感謝を申し上げます。そして、最初の1冊を飯舘村の故佐野ハツノさんにささげたいと思います。

2018年3月

寺島英弥

著者紹介

寺島英弥（てらしま・ひでや）

ジャーナリスト、河北新報社論説委員

1957年、福島県相馬市生まれ。早稲田大学法学部卒。編集局次長兼生活文化部長、編集委員を経て2017年から現職。02～03年にフルブライト留学で渡米。東北の暮らし、農漁業、歴史などの連載企画を長く担当し、連載「こころの伏流水　北の祈り」で1993年度新聞協会賞。11年3月から震災取材に携わる。ブログ「余震の中で新聞を作る」。新潮社「Foresight」に福島の被災地ルポを執筆中。

著書に『シビック・ジャーナリズムの挑戦――コミュニティとつながる米国の地方紙』（日本評論社）、『東日本大震災　希望の種をまく人びと』『海よ里よ、いつの日に還る――東日本大震災3年目の記録』『東日本大震災4年目の記録　風評の厚き壁を前に――降り積もる難題と被災地の知られざる苦闘』『東日本大震災　何も終わらない福島の5年　飯舘・南相馬から』（以上、明石書店）、『悲から生をつむぐ――「河北新報」編集委員の震災記録300日』（講談社）などがある。

福島第1原発事故7年
避難指示解除後を生きる
――古里なお遠く、心いまだ癒えず

二〇一八年三月一一日　初版第一刷発行

著者　寺島英弥
発行者　大江道雅
発行所　株式会社 明石書店
101-0021 東京都千代田区外神田6-9-5
電話 03-5818-1171
FAX 03-5818-1174
振替 00100-7-24505
http://www.akashi.co.jp

装丁　明石書店デザイン室
印刷・製本　日経印刷株式会社

ISBN978-4-7503-4644-1
（定価はカバーに表示してあります）

東日本大震災　希望の種をまく人びと

寺島英弥　著

東日本大震災から2年、いまだ先行きの見えない復興と多くの困難を抱える被災者。河北新報編集委員が、たとえ小さくとも確かに芽生えつつある再起と復興の兆候を追いかける。農業・漁業、除染、まちづくり、事業再開など、丹念な取材で人びとの不屈の活動を紹介する。

◆四六判／392頁　◎1800円

海よ里よ、いつの日に還る

東日本大震災3年目の記録

寺島英弥　著

被災地の現状を丹念に追いかけ、伝えつづける河北新報編集委員の震災後3年目の報告。厳しい現状と向き合いながら地道に生活の再建と希望を見い出す糸口を見つけだそうとする人びとの歩みを共感をもって描き出す。

◆四六判／312頁　◎1800円

東日本大震災4年目の記録　風評の厚き壁を前に

降り積もる難題と被災地の知られざる苦闘

寺島英弥　著

風化と忘却にさらされつつある東日本大震災の被災地の状況を執念をもって伝えつづける河北新報編集委員の震災後4年目の報告。風評被害の厚き壁を前にして状況打開に苦闘する米作り農家や漁業者の姿を描く。

◆四六判／312頁　◎1800円

東日本大震災　何も終わらない福島の5年　飯舘・南相馬から

寺島英弥　著

福島第一原発事故によって生活が一変してしまった福島・浜通りの被災者たちの記録。帰還者の苦悩と苦闘、避難先での不安と希望、風化や風評被害の実態、政治に対する不信と絶望など、震災後5年間の真実の姿を描く。

◆四六判／352頁　◎2200円

〈価格は本体価格です〉